山东省高等教育本科教学改革研究重点项目(Z2021278)
山东省在线联盟开放课程"Python程序设计"　成果

普通高等学校"十四五"规划教材

Python程序设计

主　审　刘国柱　王莉莉　王秀英

主　编　叶　臣　任志考

副主编　孙劲飞　段利亚　杨　枫

编　委　芦静蓉　张栩朝　刘金环　王海婷

　　　　郭蓝天　张喜英　刘明华　牟文正

　　　　杨星海　梁宏涛　隋玉敏　邵洪波

　　　　周利江

U0243116

中国科学技术大学出版社

内 容 简 介

本书内容主要包括初识 Python、程序控制结构、序列应用基础、函数的应用、字符串的应用、文件操作、面向对象的程序设计和 Python 程序设计实例等，涵盖内容广泛，主题由基础到高级，以帮助读者建立坚实的编程基础并探索更深入的应用和技术。

可作为普通高等院校的 Python 语言相关课程的教材，也可供自学者阅读。

图书在版编目(CIP)数据

Python 程序设计 / 叶臣，任志考主编. -- 合肥：中国科学技术大学出版社，2024.9. -- ISBN 978-7-312-06121-9

Ⅰ. TP312.8

中国国家版本馆 CIP 数据核字第 2024NV6579 号

Python 程序设计
PYTHON CHENGXU SHEJI

出版	中国科学技术大学出版社
	安徽省合肥市金寨路 96 号，230026
	http://press. ustc. edu. cn
	https://zgkxjsdxcbs. tmall. com
印刷	合肥市宏基印刷有限公司
发行	中国科学技术大学出版社
开本	787 mm×1092 mm　1/16
印张	11.75
字数	299 千
版次	2024 年 9 月第 1 版
印次	2024 年 9 月第 1 次印刷
定价	50.00 元

前　言

随着数字技术的快速发展,当今社会逐步迈进数字化时代,移动互联网、大数据、人工智能、区块链掀起新一轮科技革命和产业变革。党的二十大报告提出"加强城市基础设施建设,打造宜居、韧性、智慧城市",正深刻影响到社会各领域各环节,我国的数字化发展将进入一个新阶段。

Python 是一门高级、解释型、通用的编程语言,生态系统非常丰富,拥有大量的扩展库和工具,覆盖了几乎所有的编程需求领域。无论是数据分析、人工智能、Web 开发、科学计算还是网络爬虫,Python 都有相应的库和框架可供选择和使用。这种丰富的生态系统使得 Python 成为许多开发者、数据科学家和工程技术人员的首选工具。

本书是一本学习 Python 的入门指南,也是通向编程高地的途径。通过简洁清晰的实例,开启从基础语法到高级技巧的探索之旅。无论是初学者还是有一定经验的开发者,都能在这里满足自己一定的需求。

本书由青岛科技大学叶臣老师和任志考老师主编,刘国柱老师、王莉莉老师和王秀英老师主审,孙劲飞、段利亚、杨枫(青岛工程职业学院)、芦静蓉、张栩朝、刘金环、王海婷、郭蓝天、张喜英、刘明华、牟文正、杨星海、梁宏涛、隋玉敏、邵洪波、周利江(青岛远洋船员学院)等老师参与编写和修正工作,实践案例部分吸纳了青岛科技大学信息科学技术学院老师们的建议,在此表示深深的感谢!

限于编者水平,本书难免有疏漏之处,希望广大读者及时指出,我们将不胜感激!

编者

2024 年 6 月

目　　录

第 1 章 初识 Python

学习目标

（1）了解 Python 语言发展史、特点和用途。

（2）掌握 Python 语言集成开发环境（本书以 Python3.8.5 作为 Python 语言集成环境）。

（3）理解使用 Python 语言创建的简单 Python 程序。

知识准备

引　言

Python 是一种非常友好且功能强大的语言。它代码简洁、可读性强，即使初学者也能相对容易地理解和编写 Python 代码。Python 的强大之处在于它的库和框架。这些库和框架为 Python 提供了额外的功能，使它能够应用于各种不同的场景，如 Web 开发、数据科学、机器学习和自动化等。同时，Python 支持面向对象编程（OOP），这是一种编程范式，它允许创建类和对象来模拟现实世界的事物和行为。通过使用类和对象，可以更好地组织代码，并实现代码的重用和模块化。Python 简洁的语法、强大的库和框架，以及对面向对象编程的支持，都使得它成为学习编程的理想选择。无论是对 Web 开发感兴趣，还是想要探索数据科学的奥秘，Python 都能提供一个良好的起点。

由于 Python 强大的功能被广泛应用于各个领域，使得它在数字化时代发展过程中起到重要作用。学习 Python 编程，可以更好地理解和运用计算机技术，从而更好地融入未来的科技创新工作中。无论是在金融、制造还是服务业，Python 都发挥着不可替代的作用。例如，在金融行业，Python 被用于风险管理和量化交易中；在制造业，Python 助力智能制造和工业自动化发展；在服务业中，Python 通过数据分析优化客户体验和业务流程。这些应用不仅提高了生产效率，也为经济发展注入了新的动力。同时，Python 通过大数据分析和人工智能技术，为政府决策提供了科学依据。例如，在城市规划、交通管理和公共安全等领域，Python 可以帮助研究人员分析海量数据，预测和解决社会问题。这种智能化的工具，使得社会治理变得更加精准和高效。

1.1 Python 语言的产生、特点及应用

1.1.1 Python 语言的产生

Python 语言是荷兰青年吉多·范罗苏姆（Guido Van Rossum）以 ABC 语言为基础设计开发的；1989 年开发了脚本解释程序；1990 年 Python 正式诞生。1994 年 1 月 Python 的 1.0 版本正式发布。从表 1.1 中可以看出，每隔 8 年左右 Python 就会上升一个新的台阶。初学者可以直接上 Python 官方网站（www.python.org）了解 Python 的各个版本以及更新情况。

表 1.1 Python 版本

版本号	发行时间	版本号	发行时间	版本号	发行时间
1.0	1994.01	3.0	2008.12	3.7	2018.06
1.5	1998.02	3.1	2009.06	3.8	2019.10
1.6	2000.09	3.2	2011.02	3.9	2020.10
2.0	2000.10	3.3	2012.09	3.10	2021.10
2.2	2001.12	3.4	2014.03	3.11	2022.10
2.4	2004.11	3.5	2015.09	3.12	2023.10
2.7	2010.07	3.6	2016.12	3.13	2024.10（预计发行）

1.1.2 Python 的特点

（1）入门容易：Python 语法简洁且库丰富，初学者能够快速学习掌握。

（2）扩展性强：Python 语言代码可以轻松与 C、C++ 等其他语言结合，被誉为"胶水"语言。

（3）开源资源：Python 拥有庞大的开源社区，可提供大量的扩展库和框架。

（4）可跨平台：Python 可以在多种操作系统上运行，包括 Windows、Mac OS 和 Linux 等操作系统。

（5）应用领域广泛：Python 被广泛应用于数据分析、机器学习、Web 开发、自动化脚本等领域。

1.1.3 Python 的应用

（1）数据科学和机器学习：Python 有 NumPy、Pandas、Matplotlib 和 Scikit-learn 等扩展库，是数据科学家和机器学习工程师的首选工具，具有强大的数据处理和分析能力。

（2）人工智能：Python 生态系统中有 TensorFlow、Keras 等强大的框架，在人工智能领域的应用包括自然语言处理（NLP）、计算机视觉和强化学习等。

（3）科学计算和工程：Python 在物理、化学、生物学等领域的计算模拟中，尤其是在与科学计算库，例如 NumPy 和 SciPy 结合时其发挥着重要作用。

（4）游戏开发：虽然 Python 不是游戏开发的主流语言，但它可以用于快速原型制作和脚本编写。

（5）自动化和脚本编写：Python 的简洁语法使其成为编写自动化脚本来简化重复任务的理想选择，如使用 Selenium 进行 Web 测试或使用 Ansible 进行系统配置。

（6）教育教学：由于 Python 易读性和易学性，常被用计算机学习的入门语言。

（7）Web 开发：Python 通过 Django 和 Flask 等框架支持 Web 开发，为这些框架提供了构建复杂网站所需的工具和功能。

（8）嵌入式系统：Python 可以用于开发嵌入式系统，特别是 MicroPython 这样的微控制器编程语言。

Python 的这些特点使它成为了当今最受欢迎的编程语言之一。随着技术的不断进步和持续发展，Python 的影响力将继续扩大。

1.2　Python 的编程环境

Python 编程环境的关键组件包括解释器、代码编辑器、集成开发环境（IDE）以及必要的库和框架。其中 IDLE 是基于 Windows 操作系统的 Python 官方标准开发环境，适合初学者编程使用，其安装简单，操作方便。Python 版本有 64 bits（位）和 32 bits 的区别，在系统下载安装之前，要确认电脑安装的是 64 位还是 32 位的操作系统，再选择合适的 Python 版本安装。以 Windows 11 为例，在"设置"—"系统信息"选项卡的设备规格中可了解操作系统类型情况，如图 1.1 所示，该电脑为 64 位的操作系统。

图 1.1　查看操作系统类型

确定操作系统类型后，再选择 64 bits 的 Python 版本，安装方法为：首先打开 Python 官网（www.python.org），点击"Downloads"，再选择"Windows"，然后选择相应的 Python 版本安装(图 1.2 为 Python 3.12.4 版本)。

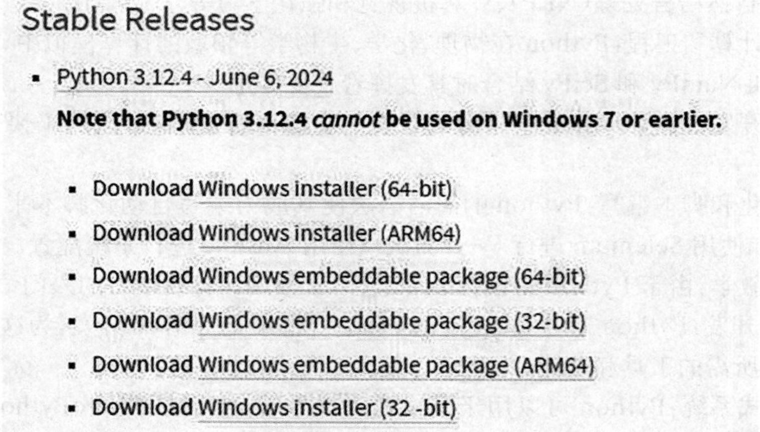

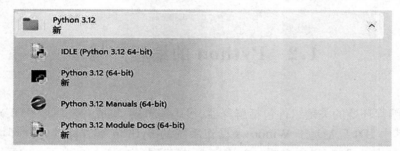

图 1.2　Python 3.12.4 版本

安装完成之后,就可以在开始菜单中找到 Python 3.12.4 启动菜单,如图 1.3 所示。

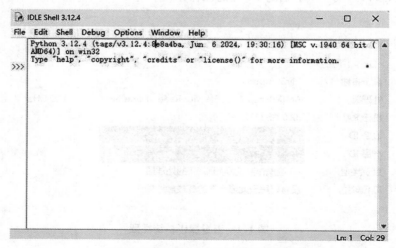

图 1.3　Python 3.12.4 启动菜单

点击 IDLE(Python 3.12 64-bit)启动 Python 的 IDLE 系统应用环境(图 1.4),Python 3.12.4 安装成功后可以使用。

图 1.4　Python 的 IDLE 系统应用环境

IDLE 编程有两种模式,分别为交互式命令行模式和代码编辑器模式,详细介绍如下:

(1) 交互式命令行模式:交互式命令行模式提示符为"〉〉〉",即图 1.4 所示的环境,在此环境中输入 Python 语句,回车即可以立即执行语句,并显示执行结果。在此模式下,既可以调试单行语句,又可以调试其他结构化语句,如选择语句结构、循环语句结构,甚至可以编写小型程序。

(2) 代码编辑器模式:在图 1.4 的 File 菜单中选择"NewFile"菜单项,打开代码编辑器模式(图 1.5),新建 Python 源程序文件名为"untitled",此时可在窗口中输入并编辑 Python 程序代码,输入完成后正确保存程序代码,再编译运行程序。

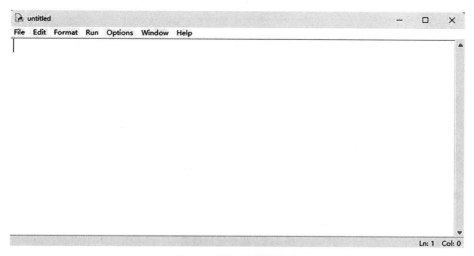

图 1.5　代码编辑器模式

1.3　简单 Python 程序

例 1.1　　使用 IDLE 环境下的两种模式输出"我喜欢 Python 程序设计课程"。

1. 交互式命令行模式

详细代码如图 1.6 所示。

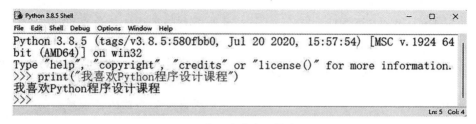

图 1.6　交互式命令行模式代码

2. 代码编辑器模式

点击"File—New File"打开 IDLE 编辑器。

(1) 编辑器中编辑程序代码，并保存(图 1.7)。

1-1.py - D:\例题\第1章\例1-1\1-1.py (3.8.5)
File Edit Format Run Options Window Help
print("我喜欢Python程序设计课程")
Ln: 1 Col: 0

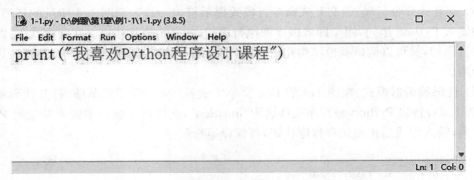

图 1.7 编辑保存程序

(2) 运行编写好的程序代码(图 1.8)。

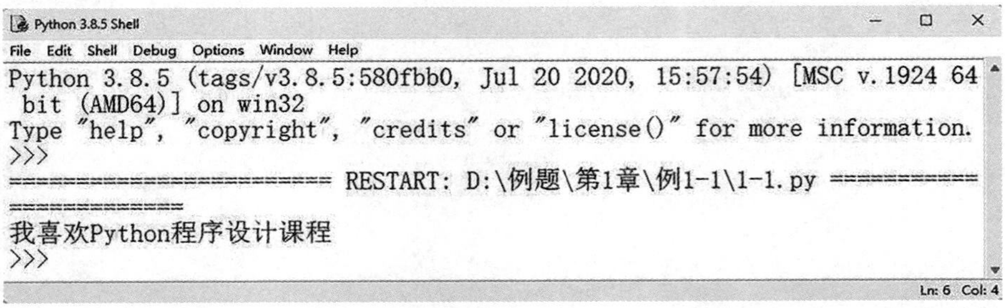

Python 3.8.5 Shell
File Edit Shell Debug Options Window Help
Python 3.8.5 (tags/v3.8.5:580fbb0, Jul 20 2020, 15:57:54) [MSC v.1924 64 bit (AMD64)] on win32
Type "help", "copyright", "credits" or "license()" for more information.
>>>
======================== RESTART: D:\例题\第1章\例1-1\1-1.py ========================
我喜欢Python程序设计课程
>>>
Ln: 6 Col: 4

图 1.8 程序运行结果

例 1.2 编写程序绘制美丽的太阳花。

采用代码编辑器模式，编写程序：

```
import turtle                         #导入 turtle 标准库
turtle.setup(0.5, 0.5)                #设置窗体大小及位置
x = turtle.Pen()                      #设置画笔
x.speed(6)                            #设置画笔速度
def sunflower():                      #自定义画太阳花函数
    x.color("red","yellow")           #设置画笔颜色和背景颜色
    x.begin_fill()                    #开始绘制
    for i in range(50):               #绘制太阳花线段数量为 50 条
        x.forward(160)                #设置线段长度
        x.right(170)                  #设置画笔顺时针绘制时角度为 170 度
    x.end_fill()                      #结束绘制
sunflower()                           #调用自定义函数执行绘制
```

程序运行结果如图 1.9 所示。

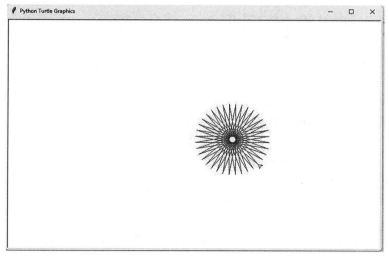

图 1.9　程序运行结果

例 1.3　创建一个简单的计算器程序,该程序能够执行加法、减法、乘法和除法运算。
该程序代码如下:

```python
import math
def get_input(prompt):
    while True:
        try:
            user_input = input(prompt)
            number = float(user_input)
            return number
        except ValueError:
            print("请输入有效的数字。")
def add(x, y):
    return x + y
def subtract(x, y):
    return x - y
def multiply(x, y):
    return x * y
def divide(x, y):
    if y == 0:
        raise ValueError("除数不能为零。")
    return x / y
def main():
    print("欢迎使用简易计算器!")
```

```
    while True:
        op = input("请选择运算符(+, -, *, /): ")
        if op not in ['+','-','*','/']:
            print("无效的运算符。")
            continue
        num1 = get_input("请输入第一个数字: ")
        num2 = get_input("请输入第二个数字: ")
        if op == '+':
            result = add(num1, num2)
        elif op == '-':
            result = subtract(num1, num2)
        elif op == '*':
            result = multiply(num1, num2)
        elif op == '/':
            result = divide(num1, num2)
        print(f"{num1} {op} {num2} = {result}")
            cont = input("是否继续计算? (y/n): ")
            if cont.lower() != 'y':
                break
if __name__ == "__main__":
    main()
```

程序运行结果如图 1.10 所示。

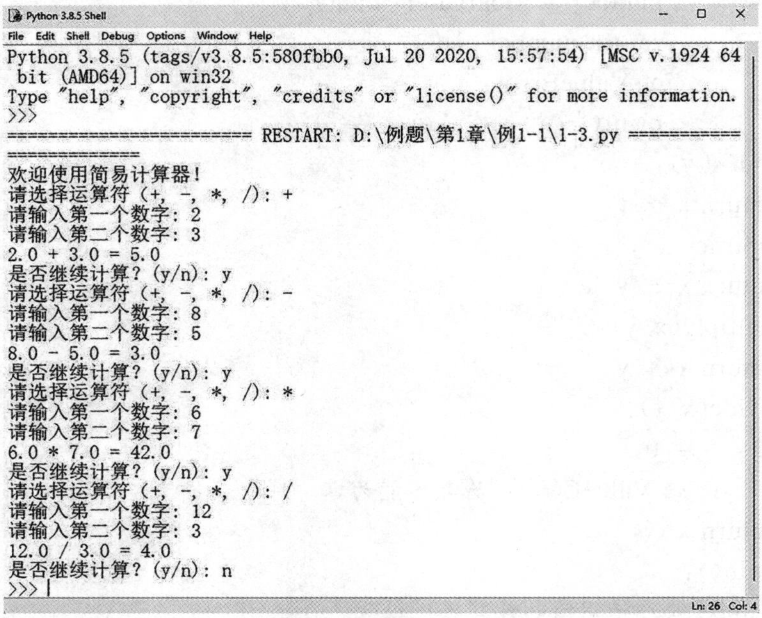

```
Python 3.8.5 (tags/v3.8.5:580fbb0, Jul 20 2020, 15:57:54) [MSC v.1924 64
 bit (AMD64)] on win32
Type "help", "copyright", "credits" or "license()" for more information.
>>>
======================== RESTART: D:\例题\第1章\例1-1\1-3.py ==========
==============
欢迎使用简易计算器!
请选择运算符 (+, -, *, /): +
请输入第一个数字: 2
请输入第二个数字: 3
2.0 + 3.0 = 5.0
是否继续计算? (y/n): y
请选择运算符 (+, -, *, /): -
请输入第一个数字: 8
请输入第二个数字: 5
8.0 - 5.0 = 3.0
是否继续计算? (y/n): y
请选择运算符 (+, -, *, /): *
请输入第一个数字: 6
请输入第二个数字: 7
6.0 * 7.0 = 42.0
是否继续计算? (y/n): y
请选择运算符 (+, -, *, /): /
请输入第一个数字: 12
请输入第二个数字: 3
12.0 / 3.0 = 4.0
是否继续计算? (y/n): n
>>>
```

图 1.10　程序运行结果

1.4　Python 语法的一般规则

（1）Python 语言程序中的字符和标点符号采用英文半角形式。

（2）Python 采用缩进格式表明语句间逻辑关系，如例 1.2 中 for 循环语句结构和自定义函数 def sunflower（）结构的下一行语句将自动缩进 4 个空格，说明缩进的语句是循环结构或自定义函数内的语句，要注意结构中的冒号"："不可以少。

（3）使用空行提高程序可维护性。

（4）合理使用注释提高程序可读性。Python 有两种注释方式：行注释（♯）和块注释（三单引号""""或三双引号""""""）。

本章小结

（1）介绍了 Python 语言的产生、特点及应用情况。

（2）讲述了 Python 的编程环境。

（3）通过 Python 程序简单的介绍，详细描述了 Python 两种程序设计模式的应用。

（4）讲述了 Python 语法的一般规则。

 本章习题

填空题

（1）Django 和 Flask 是两个流行的_____开发框架，它们提供了构建 Web 应用所需的工具和功能。

（2）Python 语言是荷兰青年吉多·范罗苏姆（Guido Van Rossum）以_____语言为基础设计开发的。

（3）Python 在人工智能领域的应用包括_____（NLP）、计算机视觉和强化学习等。

（4）Python 的编程环境的关键组件包括：_____、代码编辑器、集成开发环境（IDE）以及必要的库和框架。

（5）IDLE 编程有两种模式：交互式命令行模式和_____模式。

（6）Python 程序中的字符和标点符号采用英文_____形式。

（7）Python 采用_____格式表明语句间逻辑关系。

（8）Python 有两种注释方式，_____是行注释，三单引号常用于块注释。

简答题

（1）Python 的特点有哪些？

（2）Python 的主要应用领域有哪些？

第 2 章　顺序结构程序设计

 学习目标

（1）熟练掌握常量和变量的使用方法。
（2）熟悉常用 Python 关键字。
（3）熟练掌握 Python 运算符与表达式的用法。
（4）熟练掌握 Python 常见内置函数的使用方法。
（5）熟练掌握 Python 顺序结构程序设计方法。

 知识准备

引　例

输入三角形三边值，使用海伦公式求三角形面积。海伦公式的计算公式为

$$area = \sqrt{s * (s - a) * (s - b) * (s - c)}$$

其中

$$s = \frac{a + b + c}{2}$$

程序实现代码如下所示：

```
a = float(input("输入边长 1:"))        #使用 input 输入函数由用户输入边长
                                        1 的数字字符串,并由 float 转换函数
                                        将数字字符串转换为实数
b = float(input("输入边长 2:"))
c = float(input("输入边长 3:"))
s = (a + b + c)/2
area = (s * (s - a) * (s - b) * (s - c)) * * 0.5
print("三角形的面积 = ", area)
```

程序运行结果如图 2.1 所示。

程序实现了一个使用海伦公式求三角形面积的算法，采用了顺序结构设计方法，六条语句依次执行最终求得了三角形的面积，在程序中用到了本节要讲述的常量、变量、运算符、表达式、输入输出函数等知识，从这个程序的编写中可以看出一个程序的设计需要掌握很多基

础知识。

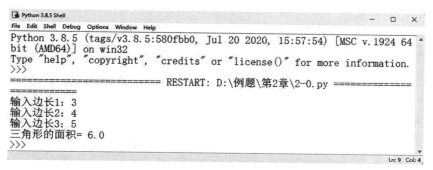

图 2.1　程序运行结果

2.1　顺序结构程序设计

　　Python 是面向对象的编程语言,同时也支持结构化程序设计。结构化程序设计的原则是程序的整体设计必须包含算法和数据结构。算法是一个独立的整体,同样数据结构也是一个独立的整体,两者分开设计,必须以算法为主。结构化程序设计采用自顶向下、逐步求精的设计方法,各个模块通过"顺序结构、选择结构、循环结构"的控制结构进行连接,并且只有一个入口、一个出口。其中顺序结构要求程序中的各操作按照其出现的先后顺序逐条执行,直至程序结束为止,期间无转移、无分支、无循环、无子程序调用,是最简单也是最基本的程序结构。

2.2　常量和变量

1. 常量
　　常量是指在程序运行过程中其值不会改变的量。
　　(1) 整数型常量:没有小数部分的数值,可以是正数或负数。整型(整数型)常量有四种表示形式,分别为:
　　① 十进制整数:由数字 0～9 的组合和正负号表示(如 123,－456,0)。
　　② 二进制整数:由 0b 或 0B 开头,后跟数字 0 与 1 表示(如 0b1010)。
　　③ 八进制整数:由 0o 或 0O 开头,后跟数字 0～7 的组合表示(如 0o123,0o11)。
　　④ 十六进制整数:由 0x 或 0X 开头,后跟 0～9、a～f 或 A～F 的组合表示(如 0x123,0xff)。
　　(2) 实数型常量
　　实型(实数型、浮点数型)常量用十进制小数表示为"±整数部分.小数部分",其中"."不能省,但"＋"可省略。如 3.14,.314,－314.0,0.0。也可以用科学计数法表示为"±尾数部分 E(e)±指数部分",尾数为十进制实数,指数为十进制整数型常量。除"＋"号外,其余均不能省略，如 31.4e3，314E2，3.14e4。

（3）字符串型常量

字符串常量是一组在一对间隔符内的字符，间隔符有四种：单引号" "、双引号" "、三单引号" "、三双引号" "，其中间隔符单引号和双引号是最常用的。字符串常量如' hello'，"python"，'" ok'"，"""123"""。字符串常量的字符形式中有一类特殊的字符，由反斜杠"\"开始，后面跟一个或几个特定字符，可以实现特殊作用，称为转义字符。Python 常用的转义字符如表 2.1 所示。

表 2.1   Python 常用的转义字符

转义字符	作用
\n	换行符
\\	反斜线表示符
\ddd	3 位 8 进制编码对应的 ACSII 码字符
\xhh	2 位 16 进制编码对应的 ACSII 码字符
\0	空字符（NULL）
\t	水平制表符
\b	退格符
\r	返回行首位置符
\f	换页符

例 2.1   常用转义字符的使用。

详细的程序实现结构如下：

```
print('常用转义字符：')
print("换行\n 符号")
print("'下面输出的内容是什么？'")
print("""A\\\101\ta\\\x61""")
```

程序运行结果如图 2.2 所示。

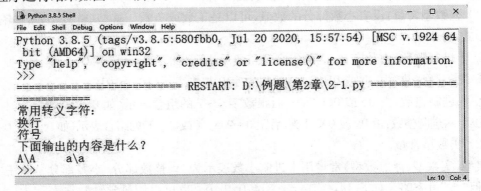

图 2.2   程序运行结果

字符串常量中如果存在转义字符会实现特殊作用,有时只需要字符串常量中的字符保持原有的形式,不需要改变,这时只要在原始字符串常量加上前缀"r"或"R"定义即可。

例 2.2 存在转义字符的字符串常量,输出原始字符串形式。

详细的程序实现结构如下:

```
print('存在常用转义字符的字符串常量:')
print(r"换行\n 符号")
print(r'''下面输出的内容是什么?''')
print(R"""A\\\101\ta\\x61""")
```

程序运行结果如图 2.3 所示。

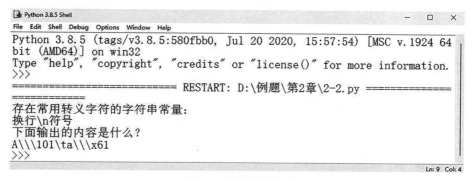

图 2.3 程序运行结果

(4) 布尔型常量:布尔型常量有两种,分别为真(True)和假(False)。Python 程序中,字符大小写是有区别的,代表不同的字符,布尔型常量的字符大小写是固定的,不能改变。布尔型常量有其对应的整型数值,真(True)对应着整型值"1",假(False)对应着整型值"0"。

(5) 复数型常量:复数型常量有实部和虚部两个部分,虚数单位表示是"j"或"J",如 6+7j,2+3J。

(6) 空值常量:空值常量的表示形式是 None。

2. 变量

变量是指程序运行过程中用于保存数据而在内存中开辟的空间。为了能够直接访问变量中的数据,每个变量都要有一个名字,称为变量名。

(1) 标识符:变量名的命名是有规范的,这个规范称为标识符命名规则。标识符(即名字)是编程时标识使用对象的符号,主要用于程序设计中给变量、自定义函数、类等的命名。标识符通常由字母、下划线、通用字符名、数字等构成,其中数字不能作为标识符第一个字符。通用字符名中可使用汉字,优点是增加了部分可读性,缺点是 Python 语言主体为英语,中文与英文的编码不同,某些特殊情况下可能会造成编码问题;程序编写过程中由于程序主体为英文,使用中文标识符需要中英文切换,会在一定程度上降低程序开发效率,因此在编写 Python 程序时没有特殊要求,一般不建议在标识符中使用带有汉字的通用字符名。

(2) 变量类型:变量类型分为整型(int)、实型(float)、字符串型(str)、布尔型(bool)、复数型(complex)等。变量数据类型是由存放到变量存储空间中常量的类型决定的。

例 2.3　变量类型测试。

变量类型测试程序实现代码如下：

```
a=10#将常量 10 赋给变量 a
print("a=", a, ", a 是", type(a))# type()是测试变量类型的函数
a=10.0
print("a=", a, ", a 是", type(a))
a="10"
print("a=", a, ", a 是", type(a))
a=2+3j
print("a=", a, ", a 是", type(a))
```

程序运行结果如图 2.4。

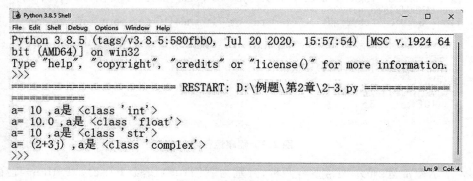

图 2.4　程序运行结果

通过上述程序代码的运行结果可以看出：

（1）Python 变量数据类型是由存放到变量存储空间中的常量类型决定的，变量存储空间中的数据类型可以改变；

（2）type()是一个内置函数，作用是测试变量 a 的数据类型。

2.3　Python 关键字

关键字是 Python 语言中预定义的标识符，具有特殊的意义和用途。这些关键字共有 35 个，不能作为变量名、函数名或任何其他标识符的名称。表 2.2 是 Python 中主要关键字及其含义。

表 2.2　Python 关键字

序号	关键字	含义
1	True	逻辑真,常量
2	False	逻辑假,常量
3	None	空值,常量
4	not	逻辑运算符:非运算
5	and	逻辑运算符:与运算
6	or	逻辑运算符:或运算
7	is	同一性测试关键字
8	in	成员测试关键字
9	import	导入函数库模块或模块中对象
10	from	从指定模块中导入某个对象;与 yield 共同构成 yield 表达式
11	as	特定语句结构中给对象起别名,如 import 或 except 语句结构
12	if	选择结构主要关键字
13	elif	选择结构中 else if 的缩写
14	else	选择结构、循环结构或者异常处理结构中条件不满足时执行的操作
15	for	for 循环结构主要关键字
16	while	While 循环结构主要关键字
17	continue	循环结构中表示提前结束本层本次循环,并开始下一次循环的执行
18	break	循环结构中表示提前结束本层循环,即跳出该层循环结构
19	def	自定义函数关键字
20	return	用于执行返回自定义函数中指定值
21	lambda	匿名函数关键字
22	yield	创建生成器函数
23	global	定义全局变量
24	nonlocal	用于在嵌套函数内部修改外部函数的局部变量
25	del	用于删除对象或对象成员
26	class	定义类的关键字
27	with	上下文管理协议,有自动管理资源的功能
28	pass	空操作语句,用作占位符
29	try	在异常处理中用于捕获或处理有可能引起异常的代码块
30	except	在异常处理结构中用来捕获和处理 try 中可能引发的异常

序号	关键字	含　　义
31	finally	在异常处理结构中必须执行的代码(无论异常是否发生)
32	assert	用于在代码中插入条件检查。条件为真,程序继续执行;条件为假,则 Python 解释器会引发一个 AssertionError 异常
33	raise	手动触发异常,代码中显示引发异常提示

2.4　运算符和相关表达式

表达式是由一系列运算符和操作数组成的式子。运算符是进行各种运算的操作符号,而操作数包括常量、变量和函数等。单个运算符连接操作数的数量称为目,有单目、双目和三目运算符。单目运算符有逻辑非、负号和正号等,双目运算符有加、减、乘、除、大于、逻辑与等,三目运算符有条件运算符等。

Python 语言的运算符有:

(1) 算术运算符:正号"+"、负号"－"、加"+"、减"－"、乘"＊"、除"/"、整除"//"、求余"%"、幂运算"＊＊"。

(2) 关系运算符:小于"<"、小于等于"<="、等于"=="、大于">"、大于等于">="、不等于"!="。

(3) 逻辑运算符:与"and"、或"or"、非"not"。

(4) 位运算符:位与"&"、位或"|"、位异或"^"、位取反"~"、左移"<<"、右移">>"。

(5) 赋值运算符:及其扩展"="。

(6) 条件运算符:三目条件运算符"?:"。

(7) 成员运算符:"in"、"not in"。

(8) 身份运算符:"is"、"not is"。

表达式中有多个运算符时,运算的顺序是由运算符的优先级决定的,优先级高的先运算,优先级低的后运算:

(1) 第 1 优先级:小括号"( )"、中括号"[ ]"、大括号"{ }"等。

(2) 第 2 优先级:幂运算符"＊＊"。

(3) 第 3 优先级:位取反"~"。

(4) 第 4 优先级:正号"+"、负号"－"。

(5) 第 5 优先级:乘法运算符"＊"、除法运算符"/"、整除运算符"//"、求余运算符"%"。

(6) 第 6 优先级:加法运算符"+"、减法运算符"－"。

(7) 第 7 优先级:位左移运算符"<<"、位右移运算符">>"。

(8) 第 8 优先级:位与运算符"&"。

(9) 第 9 优先级:位异或运算符"^"。

(10) 第 10 优先级:位或运算符"|"。

（11）第 11 优先级：身份运算符（"is"、"not is"）。

（12）第 12 优先级：成员测试运算符（"in"、"not in"）。

（13）第 13 优先级：大于运算符">"、大于等于运算符">="、小于运算符"<"、小于等于运算符"<="、等于运算符"=="、不等于运算符"!="。

（14）第 14 优先级：逻辑非运算符"not"。

（15）第 15 优先级：逻辑与运算符"and"。

（16）第 16 优先级：逻辑或运算符"or"。

（17）第 17 优先级：三目条件运算符"?:"。

（18）第 18 优先级：赋值运算符（如"="、"+="、"−="、"*="、"/="等）。

本部分主要讲述赋值表达式、算术表达式、关系表达式、逻辑表达式和位运算符等的用法。

1. 赋值运算符和赋值表达式

（1）赋值运算符。赋值运算符"="、双目运算符，优先级别第 18 级，结合性顺序为从右向左。

（2）赋值表达式。赋值表达式基本格式为"变量名＝常量或表达式"，其主要功能为将右边常量或表达式的值赋给左边的变量。例如，a 和 b 是两个数值型变量，则有赋值表达式：

```
a = 10
b = a + 20
```

（3）复合赋值运算符。复合赋值运算符有加赋值运算符"+="、减赋值运算符"−="、乘赋值运算符"*="、除赋值运算符"/="、求余赋值运算符"%="等等。例如，a 和 b 是两个数值型变量，则有表达式：

```
a += b      等价于   a = a + b
a *= b + 2  等价于   a = a * (b + 2)
```

2. 算术运算符和算术表达式

（1）算术运算符。算术运算符如表 2.3 所示。

表 2.3　算术运算符

名称	运算符	使用形式	优先级	结合性
幂运算	**	双目	2	从左向右
正号	+	单目	4	从右向左
负号	−	单目	4	从右向左
乘	*	双目	5	从左向右
除	/	双目	5	从左向右
整除	//	双目	5	从左向右
求余	%	双目	5	从左向右

续表

名称	运算符	使用形式	优先级	结合性
加	+	双目	6	从左向右
减	−	双目	6	从左向右

（2）算术表达式。算术表达式是算术运算符和操作数构成的式子。其主要功能为实现基本的数学运算。例如，a 和 b 是两个数值型变量，有算术表达式：

> +a, a∗b, a∗∗b, a+b, a%b, 5/2, 5//2, True+1 等

3. 关系运算符和关系表达式

（1）关系运算符。关系运算符详细如表 2.4 所示。

表 2.4　关系运算符

名称	运算符	使用形式	优先级	结合性
小于	<	双目	13	从左向右
小于等于	<=	双目	13	从左向右
大于	>	双目	13	从左向右
大于等于	>=	双目	13	从左向右
等于	==	双目	13	从左向右
不等于	!=	双目	13	从左向右

（2）关系表达式。关系表达式是关系运算符和表达式构成的式子。其主要功能为实现关系运算符左右两边的表达式计算数值的比较，结果为逻辑值。例如：

```
a=6;b=8
print(a>b)          #a>b为关系表达式,结果为逻辑值假,整数值为0
print(a-1==b-3)     # a-1==b-3为关系表达式,等价于(a-1)==(b-
                     3),结果为逻辑值真,整数值为1
```

（3）关系运算符连用。Python 支持关系运算符的连用，如 a 是存储数值的数值型变量，0<a<5 等价于 a>0 and a<5。

4. 逻辑运算符和逻辑表达式

（1）逻辑运算符。逻辑运算符如表 2.5 所示。

表 2.5　逻辑运算符

名称	运算符	使用形式	优先级	结合性
逻辑非	not	单目	14	从右向左
逻辑与	and	双目	15	从左向右
逻辑或	or	双目	16	从左向右

（2）逻辑运算真值表。例如 a 和 b 是逻辑值,逻辑运算真值表如表 2.6 所示。

表 2.6 逻辑运算真值表

a	b	not a	not b	a and b	a or b
真	真	假	假	真	真
真	假	假	真	假	真
假	真	真	假	假	真
假	假	真	真	假	假

从逻辑运算真值表可知,and 运算时第一个逻辑值 a 为假,第二个逻辑值 b 无论是真还是假,运算结果都为假;or 运算时第一个逻辑值 a 为真,第二个逻辑值 b 无论是真还是假,运算结果都为真。Python 规定出现以上情况,逻辑运算时只要第 1 个逻辑值能够确认运算结果,第 2 个逻辑值所涉及的相关运算都不再进行,该逻辑运算将直接输出结果,此情况称为惰性求值。

（3）逻辑表达式。逻辑表达式是逻辑运算符和关系表达式或逻辑值构成的式子。其主要功能为实现对关系表达式或逻辑值的逻辑关系运算,结果为逻辑值。例如:

```
a=2;b=3;c=6;d=5
k= not (a>b)          #a>b 的结果是假,逻辑非运算后结果是真
k=a>b and c>d         #a>b 的结果是假,逻辑与运算后结果是假
k=c>d or a>b          #c>d 的结果是真,逻辑或运算后结果是真
k= not (b-a)          #b-a 的结果是 2,根据规则此结果为逻辑值非 0 时
                       即为真,因此 b-a 的结果为真,得到 k= not 1=
                       0,k 最终的结果为假,整数表示为 0。
k= not (a-a)          #a-a 的结果是 0,根据规则此结果为逻辑值 0 时即
                       为假,因此 a-a 的结果为假,得到 k= not 0=1,k
                       最终的结果为真,整数表示为 1。
```

逻辑值 True 可以用数值 1 表示,逻辑值 False 可以用数值 0 表示,但是在判断一个逻辑量时,数值 0 表示"假",数值非 0 表示"真"。

5. 位运算符和位表达式

（1）位运算符。位运算符如表 2.7 所示。

表 2.7 位运算符

名 称	运算符	使用形式	优先级	结合性
位取反	~	单目	3	从右向左
位左移	<<	双目	7	从左向右
位右移	>>	双目	7	从左向右
位与	&	双目	8	从左向右
位异或	^	双目	9	从左向右
位或	|	双目	10	从左向右

（2）位运算表达式。位运算表达式是以位运算符和操作数构成的式子。其主要功能为实现数值二进制条件下的位计算。例如：

> 1|1＝1，　1|0＝1，　1&1＝1，　1&0＝0，　0^1＝1，　0^0＝0 等

2.5　常见内置函数

2.5.1　输入输出函数

Python 中主要输出函数是 print 函数，输入函数是 input 函数。

1．输出函数 print

print 函数是最常用的输出函数，主要功能是将要输出的内容按照设置格式输出到标准输出设备（一般是显示器）。print 函数的基本格式：

> print([value1，value2，…，sep＝'', end＝'\n', file＝sys. stdout, flush＝False])

（1）[ ]：是可选项。print( )表示无输出内容，实现换行操作。

（2）参数 value1，value2，…：表示输出的多个输出内容，其间隔符是逗号。

（3）参数 sep＝''：输出时数据之间的间隔符，默认间隔符是空格。

（4）参数 end＝'\n'：输出结束符，默认结束符是回车符 '\n'。

（5）参数 file：输出的目标对象，目标对象可以是文件或数据流，默认标准输出流为 sys. stdout。

（6）参数 flush：用于设定输出内容输出方式，flush＝False 表示输出内容保存在缓存中，默认为 False；flush＝True 表示输出内容写入文件。

例 2.4　print 函数的使用。

其具体的程序实现如下：

```
print("* * * * * * * * * * * * * * * * * * * *")        #输出字符串
print(2, 2, 2, 2, sep=' *', end='')                     #输出多个数值
print("＝", end='')
print(2 * * 4)                                          #输出表达式值
a＝3.14
print("PI", a, sep=' ＝')                                #输出变量值
print("* * * * * * * * * * * * * * * * * * * *")
```

程序运行结果如图 2.5 所示。

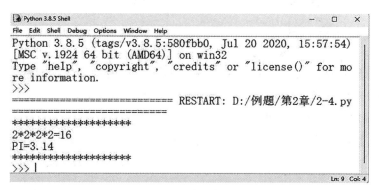

图 2.5　程序运行结果

2. 输入函数 input

input 函数是最常用的输入函数,主要功能是通过标准输入设备(一般是键盘)获取用户输入的字符串信息。input 函数的基本格式:

$$input([\text{"提示信息"}])$$

其中有如下几点需要注意:

(1)〔　〕是可选项,input( )表示无提示信息,用户直接输入信息数据。

(2) input 函数的返回值是字符串类型的数据,程序中是其他类型数据时需要进行类型转换。

(3) 一般情况下,需要将 input 函数返回值赋给字符串变量保存。

例 2.5　input 函数的使用。

input 函数详细程序实现如下所示:

```
name = input("请输入用户名:")
password = input("请输入密码:")
print( )                        #输出一个空行
print("您输入的用户名和密码")
print("用户名:", name)
print("密码:", password)
```

程序运行结果如图 2.6 所示。

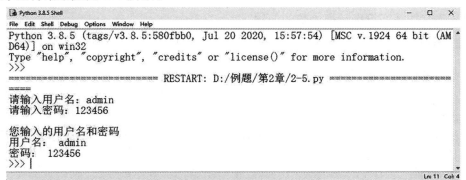

图 2.6　程序运行结果

2.5.2 数制转换函数

数制转换函数主要有 bin()、oct() 和 hex()，这 3 个函数的参数均为整数，主要功能分别是将该整数转换为二进制、八进制和十六进制数值形式。

例 2.6   数值转换函数的使用。

数值转换函数的程序实现：

```
x = 67
print("67 的二进制形式：", bin(x))        #转换为二进制字符串形式
print("67 的八进制形式：", oct(x))        #转换为八进制字符串形式
print("67 的十六进制形式：", hex(x))      #转换为十六进制字符串形式
```

程序运行结果如图 2.7 所示。

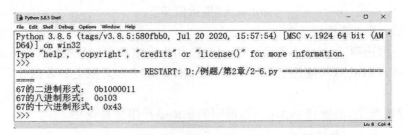

图 2.7   程序运行结果

2.5.3 类型转换函数

类型转换函数主要有 int()、float()、complex() 和 eval()，其中 int 和 float 函数主要功能分别是将参数对象（数字字符串、数值等）转换为与其相对应的数据类型，依次分别为整型和实数型，需要注意数字字符串转换后的数据类型不同，所以数字字符串转换时需要根据转换后的类型确定使用的转换函数；complex() 函数主要功能是将参数对象转换为复数型数据；eval() 函数主要功能是根据数字字符串的形式，自动转换为其对应的整型或实数型，此函数还具有表达式转换求值功能。

例 2.7   数字字符串转换函数的使用。

详细的程序实现代码如下：

```
a = input("请输入一个整数：")
b = input("请输入一个实数：")
print("\neval 函数转换实例：")
print("a = ", eval(a), "b = ", eval(b))        #输出整数 a 和实数 b
    #数字字符串转换
```

```
print("\n 数字字符串转换:")
a = int(a)                          #数字字符串转换为整型
b = float(b)                        #数字字符串转换为实数型
c = complex (3,5)                   #数字字符串转换为复数型
print("a = ", a, "b = ", b, "c = ", c)    #输出整数 a、实数 b 和复数 c
    #数值类型转换
print("\n 数值类型转换:")
print(" - 4.7 取整为", int( - 4.7), ",4.7 取整为", int(4.7))
    #int 转换后向下取整
d = float(a) + int(b)
print("d = ", d)
    #X 进制数转换为十进制数
print("\nX 进制数转换为十进制数:")
print("0b1010 十进制为", int('0b1010', 2))     #把二进制数转换为十进制
print("0o123 十进制为", int('0o123', 8))        #把八进制数转换为十进制
print("0xA 十进制为", int('0xA', 16))           #把十六进制数转换为十进制
```

程序运行结果如图 2.8 所示。

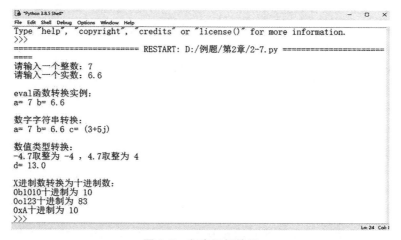

图 2.8　程序运行结果

2.6　综 合 案 例

案例 2.1　　输出一个菜单。

菜单详细如下:

```
* * * * * * * * * * * * * * * * * * * *
          1 打开文件
          2 读文件
          3 写文件
          0 文件退出
* * * * * * * * * * * * * * * * * * * *
```

【分析】　　本案例是一个输出样式菜单的程序,是一个典型顺序结构的程序设计。

详细程序实现代码如下:

```python
print("* * * * * * * * * * * * * * * * * * * *")
print("      1 打开文件")
print("      2 读文件")
print("      3 写文件")
print("      0 文件退出")
print("* * * * * * * * * * * * * * * * * * * *")
```

程序运行结果如图 2.9 所示。

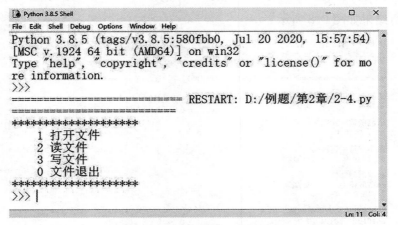

图 2.9　程序运行结果

案例 2.2　　输入两个整型数值赋给 a,b 两个变量,输出 a,b 变量值,交换 a,b 变量的值后再输出交换后结果。

【分析】　　本案例是一个典型交换两个变量值的算法,按照当前所学习内容,需要引入第三方变量后才能实现两个变量值的交换。

详细程序实现代码如下:

```python
a = int(input("输入 a 值："))
b = int(input("输入 b 值："))
print("交换前:a = ", a, "b = ", b)
```

```
#两个变量交换数值算法
t=a
a=b
b=t
print("交换后:a=", a, "b=", b)
```

程序运行结果如图 2.10 所示。

Python 3.8.5 Shell
File Edit Shell Debug Options Window Help
Python 3.8.5 (tags/v3.8.5:580fbb0, Jul 20 2020, 15:57:54) [MSC v.1924 64 bit (AMD64)] on win32
Type "help", "copyright", "credits" or "license()" for more information.
>>>
======================== RESTART: D:/例题/第2章/案例2.py ========================
输入a值: 3
输入b值: 5
交换前: a= 3 b= 5
交换后: a= 5 b= 3
>>>
Ln: 9 Col: 4

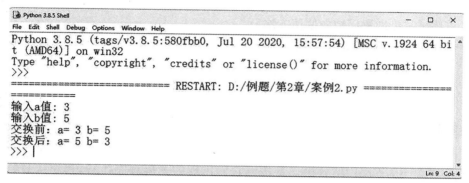

图 2.10　程序运行结果

案例 2.3　输入一个三位数并分别输出各个位上的数字。

【分析】　本案例需要灵活使用运算符提取三位数中每一位上的数字，数字的提取需要去掉数字位上的位权值，如百位上的数字可以通过整除其位权值 100 获得；十位上数字可通过简单算术运算后，整除其位权值 10 获得；个位上的数字可通过简单算术运算获得。本案例方法不唯一，可根据掌握的运算符的用途灵活解决。

详细程序实现代码如下：

```
m=int(input("请输入一个三位数:"))
a=m//100
b=(m-a*100)//10
c=m-a*100-b*10
print("该数为:", m, "百位数为:", a, "十位数为:", b, "个位数为:", c)
```

程序运行结果如图 2.11。

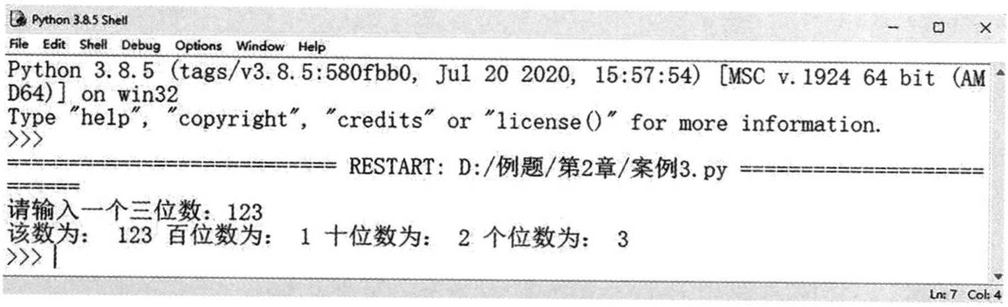

Python 3.8.5 Shell
File Edit Shell Debug Options Window Help
Python 3.8.5 (tags/v3.8.5:580fbb0, Jul 20 2020, 15:57:54) [MSC v.1924 64 bit (AMD64)] on win32
Type "help", "copyright", "credits" or "license()" for more information.
>>>
======================== RESTART: D:/例题/第2章/案例3.py ========================
请输入一个三位数: 123
该数为: 123 百位数为: 1 十位数为: 2 个位数为: 3
>>>
Ln: 7 Col: 4

图 2.11　程序运行结果

本章小结

（1）讲述结构化程序设计的原则是：程序＝算法＋数据结构。

（2）讲述顺序结构程序设计是最简单也是最基本的程序结构。

（3）详细讲述了常量和变量的概念及规则，介绍了标识符的规则和转义字符的应用。

（4）介绍了 Python 主要的关键字。

（5）详细介绍了常用的运算符和相关表达式，如赋值、算术、关系、逻辑、位的运算符和表达式的用法。

（6）讲述了常见内置函数的使用方法。

（7）讲述了顺序结构程序的典型案例。

 本章习题

填空题

（1）结构化程序设计的原则是：程序＝_____ ＋数据结构。

（2）_____是程序中的各操作是按照它们出现的先后顺序执行，程序从开始逐条顺序地执行直至程序结束为止，期间无转移、无分支、无循环、无子程序调用。

（3）字符串常量间隔符有_____种。

（4）由反斜杠（\）开始，后面跟一个或几个特定字符，可以实现特殊作用，称为_____字符。

（5）布尔型常量有两种：真（True）和假（_____）。

（6）_____是指程序运行过程中用于保存数据而在内存中开辟的空间。

（7）本书例举版本的 Python 语言关键字共有_____个。

（8）条件运算符是_____目运算符。

（9）5//2＝_____。

（10）Python 中主要输出函数是_____函数，输入函数是 input 函数。

编程题

（1）输入华氏温度 h，求摄氏温度 c。（摄氏温度＝5/9 ＊（华氏温度－32））

（2）输入直角三角形的两个直角边的长度 a、b，求斜边 c 的长度。

第 3 章　选择结构程序设计

 学习目标

(1) 熟练掌握条件判断表达式的使用方法。
(2) 熟悉选择结构程序设计特点和一般形式。
(3) 掌握单分支 if 结构程序设计的使用方法。
(4) 掌握双分支 if-else 结构程序设计的使用方法。
(5) 掌握多分支 if-elif-else 结构程序设计的使用方法。

 知识准备

引　　例

用户名是"admin"且密码是"abc123"。如果该用户输入正确,则打印身份验证成功,否则打印身份验证失败。

程序实现代码如下所示:

```
username = input('请输入用户名:')
password = input('请输入密码:')
if username = ='admin' and password = ='abc123':
    print('身份验证成功!')
else:
    print('身份验证失败!')
```

程序运行结果如图 3.1 所示。

在现实生活中,选择结构的事例有很多,例如电灯的开与关,学生成绩的及格与不及格,餐厅菜单中菜品的选择,出行时交通路线的选择,获取高考分数后志愿填报的选择等等,都可以利用选择结构实现。

选择结构又称为分支结构,是程序设计中最主要的控制结构之一,选择结构是程序执行过程中依据条件判断表达式判定结果的不同而执行不同语句块的程序控制结构形式。不同的程序语言选择结构存在微小的差异,Python 常用的选择结构有如下 3 种:① 单分支选择结构;② 双分支选择结构;③ 多分支选择结构。下面分别学习这几种选择结构的语法表示、结构特点,并通过实例来掌握这些选择结构的实际应用。

```
Python 3.8.5 Shell                                              —  □  ×
File  Edit  Shell  Debug  Options  Window  Help
Python 3.8.5 (tags/v3.8.5:580fbb0, Jul 20 2020, 15:57:54) [MSC v.1924 64 bit (AM
D64)] on win32
Type "help", "copyright", "credits" or "license()" for more information.
>>>
========================= RESTART: D:/例题/第3章/3-0.py =========================
====
请输入用户名: admin
请输入密码: 123
身份验证失败!
>>>
========================= RESTART: D:/例题/第3章/3-0.py =========================
====
请输入用户名: admin
请输入密码: abc123
身份验证成功!
>>>
                                                                    Ln: 13  Col: 4
```

图 3.1　程序运行结果

3.1　条件判断表达式

选择结构需要通过判定条件判断表达式的值来确定下一步的执行路径(或流程),因此了解和掌握条件判断表达式及其用法是非常重要的。例如,如果想要判断一个整数是偶数还是奇数,可以使用 Python 条件判断表达式来实现:

```
num = int(input("请输入一个整数:"))
if num%2 = = 0:
    print(num, "是偶数")
else:
    print(num, "是奇数")
```

以上代码中,使用了条件判断表达式"num%2 = = 0"来判断一个数字是否是偶数。如果这个数除以 2 的余数是 0,将输出这个数是偶数的信息;否则将输出这个数是奇数的信息。

条件判断表达式是代码编写过程中的基础要素之一,代表了逻辑执行的条件。条件判断表达式包括关系表达式、逻辑表达式和混合条件表达式,如图 3.2 所示。

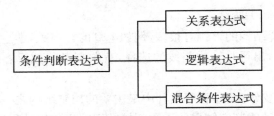

图 3.2　条件判断表达式的组成

关系表达式是最常见的条件表达式之一,Python 中常用的关系运算符有六个,分别是"＞"(大于)、"＜"(小于)、"＞＝"(大于等于)、"＜＝"(小于等于)、"＝＝"(等于)、"！＝"(不等于)。

　　逻辑表达式是用逻辑运算符将关系表达式连接起来而构成的式子,逻辑运算符有"and"
"or"和"not",分别表示"与""或"和"非"三种逻辑运算。

　　混合表达式是由常量、变量、表达式、关系运算符、逻辑运算符等构成的复合表达式。混
合表达式需要按照运算符的优先级顺序进行运算。比如要判定一个班级中性别为女,年龄
不超过 20 岁,或者考试总成绩大于等于 300 的所有学生,使用的混合表达式:

$$((sex == '女') \ and \ (age <= 20)) \ or \ (score >= 300)$$

　　这个条件判断表达式中使用了小括号来表明结构和优先级,这是一个好习惯,这种条件
写法结构清晰,增加了代码的可读性,值得推荐。

　　从狭义上说,条件判断表达式的值只有两个:True 和 False,当条件满足时结果为 True
(真),条件不满足时结果为 False(假)。但是在 Python 中,条件判断表达式的值除了 True
和 False 之外,还有其他等价的值,例如 0 或 0.0、空值(None)、空字符串、空列表、空元组等
都与 False 等价,在使用时要加以注意。下面列出这些等价的值,如表 3.1 所示。

表 3.1　条件判断表达式的取值范围

值	条件表达式的取值范围(等价的值)
True	非 0、非 0.0、非空字符串、非空列表、非空元组、非空字典、非空 range 等
False	0、0.0、空字符串、空列表、空元组、空字典、空 range 等

　　条件判断表达式中不能使用赋值运算符。Python 中,条件判断表达式中不允许使用赋
值符号"=",注意不要与关系运算符等于"=="发生混淆,如果在条件判断表达式中使用赋
值运算符"=",程序执行时系统会显示异常提示。

3.2　选择结构程序设计

3.2.1　单分支选择结构

　　单分支选择结构是最简单的结构。虽然应用范围有限,但在一些简单的场景下,仍然非
常有用。语法结构如下:

if 〈条件判断表达式〉:
语句组 1

　　执行过程为,当条件判断表达式为 True 或等价的值时,执行语句组 1,否则不执行。单
分支选择结构流程图如图 3.3 所示。

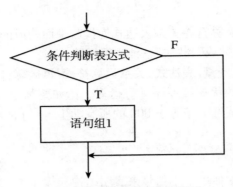

图 3.3   单分支选择结构流程图

单分支选择结构说明:① "〈 〉"表示必选项,即必须有条件判断表达式;② ":"不可缺少,是结构控制符,代表一个语句结构的开始;③ 语句缩进通常是四个空格,缩进体现了代码的逻辑关系,相同逻辑关系的代码块缩进量相同。

例 3.1   输入一个整数,求该数的绝对值。

详细程序实现代码如下:

```
    #求绝对值
n = int(input("请输入:"))
if n<0:
    n = -n
print("结果为", n)
```

程序运行结果如图 3.4 所示。

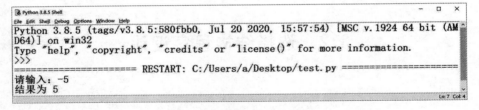

图 3.4   程序运行结果

3.2.2   双分支选择结构

双分支选择结构是选择结构中使用最多的结构,语法结构如下:

$$\text{if 〈条件判断表达式〉:}$$
$$\text{语句组 1}$$
$$\text{else:}$$
$$\text{语句组 2}$$

执行过程为,当条件判断表达式为 True 或等价的值时,执行语句组 1,否则执行语句组 2。要注意 if 和 else 的缩进,if 结构中的语句都要在 if 语句之后缩进,else 中的语句都要在

else 语句之后缩进。双分支选择结构流程图如图 3.5 所示。

条件判断表达式
F
T
语句组1
语句组2

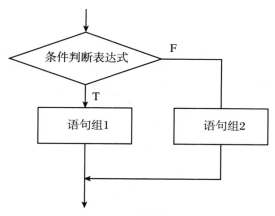

图 3.5　双分支选择结构流程图

双分支选择结构说明：① “〈 〉”表示必选项，即必须有条件判断表达式；② if 和 else 语句结构中冒号“:”不可缺少，是结构控制符，代表一个语句结构的开始；③ else 语句不能独立存在，else 语句必须与它所对应的 if 语句相同缩进；④ 语句缩进通常是四个空格。缩进体现了代码的逻辑关系，相同逻辑关系的代码块缩进量相同。

例 3.2　输入一个年份，判断这个年份是否为闰年。

【分析】　闰年的数学描述：能够被 4 整除但不能被 100 整除，或者能被 400 整除的年份。

详细程序实现代码如下：

```
#判断闰年
year=int(input("请输入一个年份："))
if year%4==0 and year%100!=0 or year%400==0:
    print(year, "是闰年")
else:
    print(year, "不是闰年")
```

程序运行结果如图 3.6 所示。

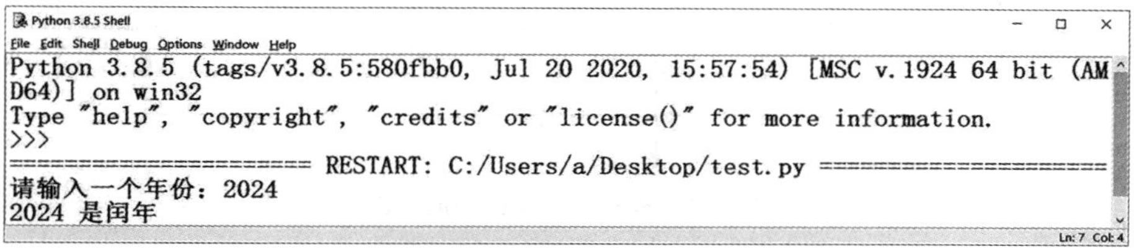

Python 3.8.5 Shell
File Edit Shell Debug Options Window Help
Python 3.8.5 (tags/v3.8.5:580fbb0, Jul 20 2020, 15:57:54) [MSC v.1924 64 bit (AMD64)] on win32
Type "help", "copyright", "credits" or "license()" for more information.
>>>
===================== RESTART: C:/Users/a/Desktop/test.py =====================
请输入一个年份：2024
2024 是闰年
Ln: 7 Col: 4

图 3.6　程序运行结果

3.2.3　多分支选择结构

学生的成绩分成及格与不及格时,可以用双分支结构解决,如果把成绩划分为 A、B、C、D、E 五个等级,此时就要用多分支结构来解决这样的问题了。多分支结构是通过判定相关联的不同条件来判断表达式的值,从多个路径中选择执行相应的代码块,其语法结构如下:

> if〈条件判断表达式 1〉:
> 　语句组 1
> elif〈条件判断表达式 2〉:
> 　语句组 2
> elif〈条件判断表达式 3〉:
> 　语句组 3
> ……
> else:
> 　语句组 n+1

其中关键字 elif 是 else if 的缩写,不要写成 elseif。

执行过程为,先判定条件判断表达式 1 是否成立,如果成立执行语句组 1,不成立判定条件判断表达式 2,如果成立执行语句组 2,不成立判定条件判断表达式 3,……,直到找到满足条件的表达式。如果没有找到满足条件的表达式,则执行最后的 else 分支,执行语句组 n+1。多分支选择结构流程图如图 3.7 所示。

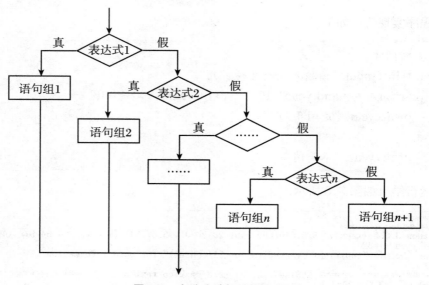

图 3.7　多分支选择结构流程图

例 3.3　输入学生成绩(0~100),判定其成绩等级。学生成绩可分为五个等级:90~100 为 A 级,80~89 为 B 级,70~79 为 C 级,60~69 为 D 级,60 以下为 E 级。

详细程序实现代码如下:

```
＃百分制成绩转换成五分制
score = int(input("请输入成绩:"))
if score >= 90:
    ch = 'A'
elif score >= 80:
    ch = 'B'
elif score >= 70:
    ch = 'C'
elif score >= 60:
    ch = 'D'
else:
    ch = 'E'
print("成绩是", score, ",等级是", ch)
```

程序运行结果如图 3.8 所示。

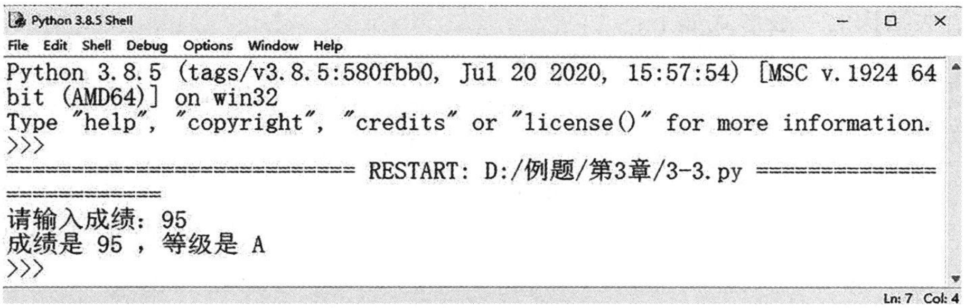

图 3.8　程序运行结果

例 3.4　　输入点 M 的坐标 (x, y),判断其所在的象限。

详细程序实现代码如下:

```
＃判断点所在的象限
x = int(input('请输 x 坐标:'))
y = int(input('请输 y 坐标:'))
if x == 0 and y == 0: print('原点')
elif x == 0: print('y 轴')
elif y == 0: print('x 轴')
elif x > 0 and y > 0: print('第一象限')
elif x < 0 and y > 0: print('第二象限')
elif x < 0 and y < 0: print('第三象限')
else: print('第四象限')
```

程序运行结果如图 3.9 所示。

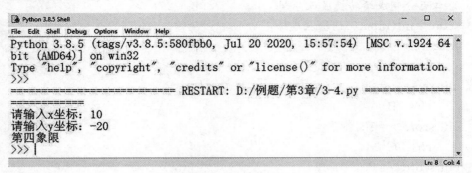

图 3.9　程序运行结果

3.2.4　分支结构嵌套

在解决复杂的逻辑关系时,单一的分支选择结构有时很难完成,分支嵌套是解决此类问题的一种选择。分支嵌套直观上说就是在一个分支结构中再嵌入一个或多个分支结构。二重嵌套语法结构的一般形式如下:

```
if〈条件判断表达式 1〉:
    if〈条件判断表达式 2〉:
        语句组 1
    else:
        语句组 2
else:
    if〈条件判断表达式 3〉:
        语句组 3
    else:
        语句组 4
```

在程序设计过程中,一定要注意 if 和 else 之间的匹配关系,控制好缩进量,否则就会造成代码的从属关系混乱或逻辑错误,导致程序无法正常执行。理论上说,嵌套的层次没有限制,但是嵌套层次太多程序可读性大大下降,一般应用中要避免多层嵌套。

多分支选择结构既可以通过多分支语句实现,也可以通过分支的嵌套实现,但是各有利弊。多分支语句结构简单,但是每次都是从第一个条件开始进行判断,对于满足最后一个条件的情况就需要经过多次判断;分支嵌套的结果判断较为复杂,类似二叉查找,但是需要判断的次数大大减少。对于初学者,建议尽量少用嵌套。

例 3.5　改造例 3.3,使用嵌套结构实现输入学生成绩(0~100),判定其成绩等级。

详细程序实现代码如下:

```
score = int(input("请输入成绩："))
if score>100 or score<0：
    print("输入分数错误!")
else：
    if score> = 90：
        ch='A'
    elif score> = 80：
        ch='B'
    elif score> = 70：
        ch='C'
    elif score> = 60：
        ch='D'
    else：
        ch='E'
    print("成绩是", score, ",等级是", ch)
```

程序运行结果如图 3.10 所示。

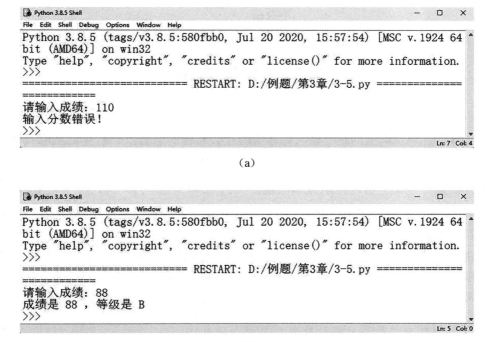

（a）

（b）

图 3.10　程序运行结果

3.2.5　条件表达式

条件表达式是由一个三元运算符构建,可以实现简单双分支选择结构的功能。语法为

表达式 1 if 条件判断表达式 else 表达式 2

当条件为 True 或等价的值时,返回表达式 1 的值,否则返回表达式 2 的值,其结构可由一个双分支选择结构表示:

```
if 条件判断表达式:
    表达式 1
else:
    表达式 2
```

示例代码如下:

```
x = int(input("请输入一个成绩:"))
print("及格") if x >= 60 else print("不及格")
```

程序运行结果:

```
请输入一个成绩:52
不及格
```

3.3　综 合 案 例

案例 3.1　　鸡兔同笼问题。输入鸡和兔的总数和腿的总数,求鸡、兔的实际只数,如果输入数据不正确,给出错误提示。

【分析】　　这是一道经典的数学问题。大约 1500 年前,《孙子算经》中记载:"今有鸡兔同笼,上有三十五头,下有九十四足,问鸡兔各几何?"古代数学家使用"砍足法"巧妙地解决了这个问题。

"砍足法":假设同笼都为鸡,将鸡兔总数乘以两倍,腿总数减去两倍鸡兔总数,除以二,得到兔的只数,鸡兔总数减去兔的只数,得到鸡的只数。

详细程序实现代码如下:

```
＃设鸡兔总数为 s,腿总数为 t,兔的个数为 tu
s = int(input("请输入鸡兔总数:"))
t = int(input("请输入腿总数:"))
tu = (t - s * 2)/2
if int(tu) == tu:           ＃鸡 2 条腿,兔子 4 条腿,此条件判断表达式是判定
                            腿数为偶数
```

```
        print("鸡: ", int(s - tu), "只,兔:", int(tu), "只")
    else:
        print("输入的数据不正确,无解!!")
```

程序运行结果如图 3.11 所示。

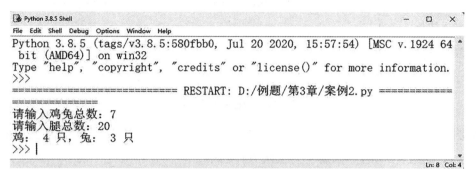

图 3.11　程序运行结果

案例 3.2　已知三角形的三边长 a,b,c,使用海伦公式求该三角形的面积。

【分析】　该案例是第 2 章顺序结构程序设计中的引例,在当时设计程序时默认用户输入的三条边长数值能够构成三角形,这存在很大计算风险,因为海伦公式的使用前提是对三角形进行求面积的计算,如果不满足构成三角形的条件,海伦公式是不能使用的,这会产生错误。

构成三角形必要条件是任意两边之和大于第三边,以此为条件判断表达式可判定三角形,在能够构成三角形的前提下可使用海伦公式求其面积。海伦公式计算公式为

$$area = \sqrt{s*(s-a)*(s-b)*(s-c)}$$

其中

$$s = \frac{a+b+c}{2}$$

详细程序实现代码如下:

```
    #海伦公式计算三角形面积
a = float(input("输入边长 1:"))
b = float(input("输入边长 2:"))
c = float(input("输入边长 3:"))
if a + b > c and a + c > b and b + c > a:
    s = (a + b + c)/2
    area = (s * (s - a) * (s - b) * (s - c)) * * 0.5
    print("三角形的面积 = ", area)
else:
    print("不能构成三角形")
```

程序运行结果如图 3.12 所示。

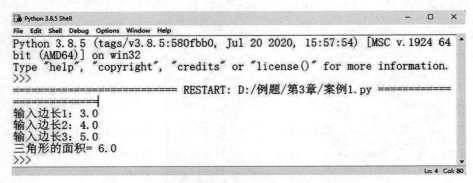

图 3.12 程序运行结果

案例 3.3   一元二次方程的一般形式为 $ax^2 + bx + c = 0$，其中 a、b、c 是方程的系数。输入 a、b、c 的值，编写程序求解一元二次方程的根。

【分析】   求解一元二次方程是一个基础数学问题。最常用的方法是使用求根公式。求根公式为

$$x_{1,2} = \frac{-b \pm \sqrt{b^2 - 4ac}}{2a}$$

详细程序实现代码如下：

```python
a = float(input("输入系数 a:"))
b = float(input("输入系数 b:"))
c = float(input("输入系数 c:"))
if a = = 0.0:
    print("不是一元二次方程!")
else:
    delta = b * b - 4 * a * c
    if delta = = 0.0:
        x = - b/(2 * a)
        print("方程有唯一解 x = ", x)
    elif delta > 0:
        x1 = (- b + (b * * 2 - 4 * a * c) * * 0.5)/(2 * a)
        x2 = (- b - (b * * 2 - 4 * a * c) * * 0.5)/(2 * a)
        print("方程有两个实根:x1 = ", x1, "x2 = ", x2)
    else:
        print("方程没有实根")
```

程序运行结果如图 3.13 所示。

```
Python 3.8.5 Shell
File  Edit  Shell  Debug  Options  Window  Help
Python 3.8.5 (tags/v3.8.5:580fbb0, Jul 20 2020, 15:57:54) [MSC v.1924 64
bit (AMD64)] on win32
Type "help", "copyright", "credits" or "license()" for more information.
>>>
======================= RESTART: D:/例题/第3章/案例3.py ============
===============
输入系数a: 1
输入系数b: -2
输入系数c: -3
方程有两个实根: x1= 3.0 x2= -1.0
>>> |
                                                                Ln: 9 Col: 4
```

图 3.13   程序运行结果

本章小结

(1) 熟练掌握条件判断表达式正确的书写格式。

(2) 掌握单分支选择结构、双分支选择结构、多分支选择结构的使用方法。

(3) 选择结构中,每个条件限定的语句组使用相应的缩进说明之间的逻辑关系。

(4) 使用选择结构解决实际问题。

 本章习题

选择题

(1) 下面程序运行时,输入 60,程序执行的结果是(   )。

```
a = int(input())
if a<10:
    res = a + 2
elif a<50:
    res = a - 2
elif a<80:
    res = a * 2
else:
    res = a//2
print(res)
```

A. 120   B. 58   C. 62   D. 30

(2) 关于以下代码,描述正确的是(   )。

```
a = 'False'
if a:
    print('True')
```

A. 上述代码的输出结果为 True

B. 上述代码的输出结果为 False

C. 上述代码存在语法错误

D. 上述代码没有语法错误,但没有任何输出

(3) 执行下列程序,输入 10,则 y 的值是(　　　)。

```python
x = int(input())
if x != 0：
    if x>0：
        y = -1
    else：
        y = 1
else：
    y = 0
```

A. 0　　　　　　　　　B. 1　　　　　　　　C. -1　　　　　　　　D. 10

(4) 下列程序的运行结果是(　　　)。

```python
x = 10
y = 5
if x/y == x//y：
    print("相等")
else：
    print("不相等")
```

A. "相等"　　　　　　B. "不相等"　　　　　C. 相等　　　　　　D. 不相等

(5) 下列程序的运行结果是(　　　)。

```python
a = 1
if a>0：a = a+1
if a>1：a = 5
print(a)
```

A. 1　　　　　　　　　B. 2　　　　　　　　C. 5　　　　　　　　D. 0

判断题

(1) if、elif 和 else 后面均应写明条件以便判断 True 或 False。(　　　)

(2) if 语句的表达式为空字符串、空列表、空元组、空字典和数字 0 都等价于 False。(　　　)

(3) if 语句的条件后面要使用花括号{}表示接下来是满足条件后要执行的语句块。(　　　)

(4) 执行以下代码,输入数字 99,运行结果是:ok。(　　　)

```
a = input('输入一个数字：')
if a<100：
     print('ok')
```

编程题

（1）输入一个整数，判断能否同时被 5 和 7 整除，若能，则输出"Yes"；否则输出"No"。

（2）请编写一个身体质量指数 BMI 判断的程序，计算公式为 BMI = 体重（kg）/身高（m）的平方，成人标准值是 BMI 18.5～23.9，请输入某人的体重和身高并给出偏瘦、正常或偏胖的结论。

第4章 循环结构程序设计

 学习目标

(1) 熟悉循环结构特点和一般形式。
(2) 掌握 for 语句结构的使用方法。
(3) 掌握 while 语句结构的使用方法。
(4) 掌握循环嵌套结构的使用方法。
(5) 熟悉 break 和 continue 语句结构的使用方法。

 知识准备

引　例

编写一段程序,计算 $1+2+3+\cdots+100$ 的和。

题意分析如下:

(1) 这是一个数列求和的运算,是加法运算。

(2) $1,2,3,\cdots,100$ 是一个公差为 1 的等差数列,如果设一个整型变量 i,赋初值 $i=1$,数列中各项值可使用公式 $i=i+1$ 顺序求值方式依次求得。

```
第 1 项   i=1                    #i 为初值
第 2 项   i=i+1=1+1=2            #表达式 i+1 中,i 值为初值 1,1 为公差
第 3 项   i=i+1=2+1=3            #表达式 i+1 中,i 值为第 2 项值 2,1 为公差
……
第 100 项   i=i+1=99+1=100
```

(3) 计算 $1+2+3+\cdots+100$ 的和,如果设每一次相加的值赋给整型变量 sum,赋初值 $sum=0$,从左到右进行加法运算,过程可使用公式 $sum=sum+i$ 依次运算求得。

```
第 1 次加    sum=sum+第 1 项 i 值=0+1=1           #sum 为初值
第 2 次加    sum=sum+第 2 项 i 值=1+2=3           #sum 为第 1 次加和
第 3 次加    sum=sum+第 3 项 i 值=3+3=6           #sum 为第 2 次加和
……
第 100 次加    sum=sum+第 100 项 i 值=4950+100=5050    #sum 为第 99
                                                            次加和
```

（4）数列使用公式 i＋1 求得，同时累加使用公式 sum＝sum＋i 求得结果。
详细程序实现代码如下：

```
sum = 0
i = 1
while i<= 100：
    sum = sum + i
    i = i + 1
print("1 + 2 + 3··· + 100 = ", sum)
```

程序运行结果如图 4.1 所示。

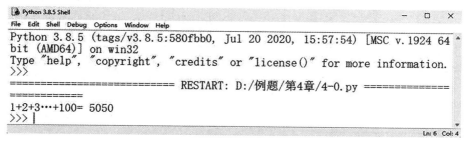

图 4.1　程序运行结果

4.1　循环结构程序设计

程序控制结构有 3 种，分别为顺序结构、选择结构和循环结构。程序控制结构是各种复杂程序的基本构造单元。其中循环结构非常重要，主要特点是可以有效的实现大量的重复性工作，减少编程的重复代码，提高编程效率。

循环结构包含 3 个要素，分别为循环变量、循环体和循环终止条件。其特点是在给定条件成立时，反复执行某程序段，直到条件不成立为止。给定的条件称为循环条件，反复执行的程序段称为循环体。Python 提供了两种循环语句结构：

（1）for 语句：主要用于遍历序列或循环次数确定的情况。

（2）while 语句：主要用于通过条件判断表达式控制程序执行的情况。

4.2　for 语句结构

for 语句结构是最常用的循环结构，其语法结构如下：

```
for   取值变量   in   序列：
      循环体语句组
[else：
      else 子句组]
```

for 语句结构流程图如图 4.2 所示。

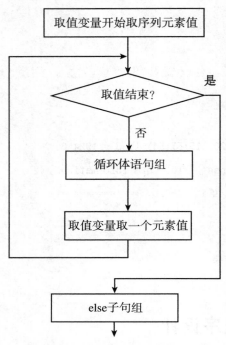

图 4.2　for 语句结构流程图

for 语句结构的功能为：依次从序列中提取序列元素值赋给取值变量，取值变量每获得一个元素值，循环体语句组将执行一次，直到将序列中的元素值取完，循环正常结束时执行 else 后面的子句组语句，如果没有 else 子句，元素值取完后 for 循环语句结构执行结束。其中应注意如下两点：

（1）方括号“[ ]”中 else 子句是可选项。

（2）序列包括字符串、列表、元组、集合、字典、迭代器对象等，序列内容将在第 6 章详细讲述，本章主要涉及字符串和 range 函数返回值的可迭代对象。

range 函数是一个常用的内置函数，主要功能是生成一个整数序列，这个序列中元素值是从一个左闭右开区间按照一定步长选取出来的。range 函数基本格式：

$$range([start], stop[, step])$$

其中：

（1）序列是一种数据结构，是在内存中保存的一组有序的元素，元素的数量可以是一个或多个，也可以没有，若没有元素表示序列为空。

（2）start 是序列初始值，stop 是结束值，step 是序列中每个数字之间的间隔（即步长）。

（3）[ ]是可选项，[start]表示区间开始数值为 0，[, step]表示步长为 1。

（4）range 函数根据参数数量不同，分为三种调用格式：

① 一个参数：range(stop)，返回值是生成一个从 0 开始，到 stop 结束（不包含 stop），步长为 1 的整数序列。

② 两个参数：range(start，stop)，返回值是生成一个从 start 开始，到 stop 结束（不包含 stop），步长为 1 的整数序列。

③ 三个参数：range(start，stop，step)，返回值是生成一个从 start 开始，到 stop 结束（不包含 stop），步长为 step 的整数序列。

例 4.1　计算 $1+2+3+\cdots+100$ 的和。

详细程序实现代码如下：

```
s = 0
for i in range(1, 101)：
    s = s + i
else：
    print("1 + 2 + 3 + ... + 100 = ", s)
```

程序运行结果如图 4.3 所示。

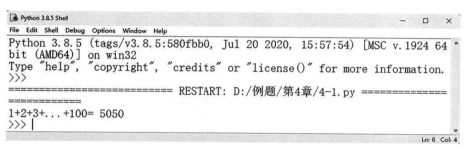

图 4.3　程序运行结果

本例中 for…else 语句结构表示取值变量 i 依次从 range(1,101) 函数返回值中取值 1，2，3，…，100，从 1 开始取，每取得一个值，执行一次语句 s = s + i，直到 i 取值 100 语句执行后序列元素值取完为止，再执行 else 后面子句组代码。

else 子句组执行的条件是取值变量取值正常结束，很好地体现了取值过程从开始到结束完备的逻辑关系；在取值过程非正常结束时（如本章 4.5 节提到的 break 语句执行时将终止本层循环等），将不执行 else 子句组语句，而退出 for 循环结构继续执行；无 else 子语句时，循环结束将直接执行循环后语句。

例 4.2　输入一段字符串，将偶数位置的字符输出。

【分析】　字符串是由字符组成的有序组合，设字符串中第一个字符的位置为 0 的位置，后面每一个字符可以依次编号为 1，2，3，…，n，例中的偶数位置就是字符串中编号为偶数的位置，输出的字符也就是这个位置对应的字符。

详细程序实现代码如下：

```
str1 = input("请输入一段字符串：")
i = 0
print("偶数位置的字符是：", end = "")
for letter in str1：                    ＃遍历字符串中所有字母
    if i%2 = = 0：                      ＃输出偶数位置的字符
        print(letter, end = "")
    i = i + 1
print()                                ＃输出空行
```

程序运行结果如图 4.4 所示。

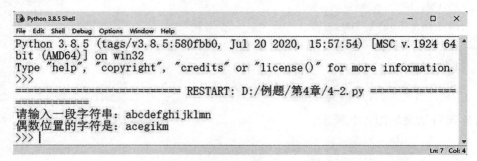

图 4.4　程序运行结果

4.3　While 语句结构

While 语句语法结构如下：

while〈条件判断表达式〉：
循环体语句组
〔else：
else 子句组〕

while 语句结构如图 4.5 所示。

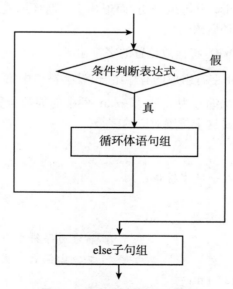

图 4.5　while 语句结构流程图

while 语句的功能为：判定条件判断表达式，逻辑值为真执行一次循环体语句组，返回再次判定条件判断表达式，逻辑值为真将再次执行循环体语句组，反复执行，直到判定条件判断表达式逻辑值为假，执行 else 子句组，然后退出循环语句结构。其中应注意以下几点：

（1）方括号［ ］中 else 子句是可选项；

（2）为了使条件判断表达式的逻辑值最终为假，循环体语句组中必定有使条件判断表达式的逻辑值趋近于假的语句。

例 4.3　输入一个整数，用 while 语句结构求该数的阶乘。

详细程序实现代码如下：

```
n = int(input("输入一个整数:"))          #输入一个整数
s = 1
i = 1
while i<= n:                              #求该数的阶乘值
    s = s * i
    i = i + 1
print(n, "! = ", s)
```

程序运行结果如图 4.6 所示。

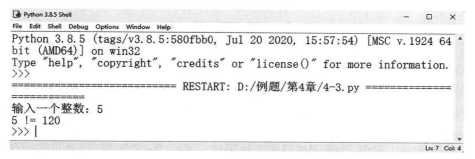

图 4.6　程序运行结果

例 4.4　保证输入的三个边长值能构成一个三角形，使用海伦公式求该三角形的面积。

详细程序实现代码如下：

```
a = float(input("输入边长 1:"))
b = float(input("输入边长 2:"))
c = float(input("输入边长 3:"))
while not(a + b>c and b + c>a and c + a>b):
    print("输入的三边值不能构成三角形,请重新输入!")
    a = float(input("输入边长 1:"))
    b = float(input("输入边长 2:"))
    c = float(input("输入边长 3:"))
s = (a + b + c)/2
area = (s * (s - a) * (s - b) * (s - c)) * * 0.5
print("三角形的面积 = ", area)
```

程序运行结果如图 4.7 所示。

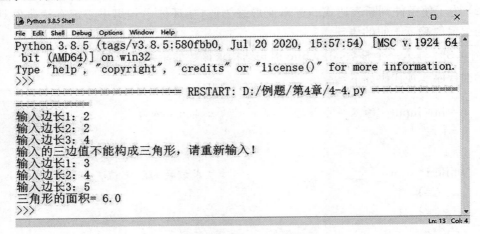

图 4.7　程序运行结果

4.4　循 环 嵌 套

循环嵌套是指在一个循环结构的语句中又嵌套另一个循环结构。通过循环嵌套可以实现更复杂的逻辑和控制结构。双层循环外面的一层称为外循环,里面的一层称为内循环。除了双层循环还有多层循环,同样是依次包含着循环结构,理论上循环嵌套深度不受限制,但嵌套层次太多并不提倡,会使阅读程序变得困难。多层 for 循环嵌套,要求必须使用不同的循环控制变量,并列结构的内外层循环允许使用同名的循环变量。

例 4.5　编写程序输出图案。

编写程序,使之运行输出如下图案(图 4.8)。

$$*$$
$$***$$
$$*****$$
$$*******$$
$$*********$$

图 4.8　输出图案

【分析】　本题图案是一个等腰三角形,是一个平面图案,平面图案是由点构成的,为了形成此图需要有些点是空白,有些点是星号,在数学中每个点的位置可以用横纵坐标确定,在程序设计中由行列值确认,作为一个二维的平面图案,一般每个点的定位用双重 for 循环语句结构实现,外层 for 循环语句结构控制行图案的输出,内层 for 循环语句结构控制列图案的输出。

　　详细程序实现代码如下：

```
x = int(input("请输入图形的行数："))
for i in range(x + 1)：              ♯控制行数
    for j in range(x - i)：          ♯控制每列中空格的输出值
        print(" ", end = "")
    for j in range(2 * i - 1)：      ♯控制每列中星号的输出值
        print(" * ", end = "")
    print()                          ♯换行
```

程序运行结果见图 4.9。

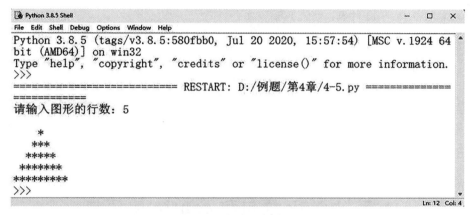

图 4.9　程序运行结果

　　例 4.6　　百马驮百担，现有 100 匹马要驮 100 担货，大马一匹驮 3 担，中马一匹驮 2 担，小马两匹驮 1 担。请问有多少大马，多少中马，多少小马？

　　【分析】　　本例是一个经典的三元一次两个方程求解的数学问题，主要采用穷举法解决该问题。设大马为 x，中马为 y，小马为 z，两个三元一次方程：
$$x + y + z = 100$$
$$3 * x + 2 * y + z/2 = 100$$

详细程序实现代码如下：

```
i = 0
for x in range(0, 34)：
    for y in range(0, 51)：
        z = 100 - x - y
        if z%2 = = 0 and (3 * x + 2 * y + z//2 = = 100)：   ♯判定小马一定是
                                                              偶数匹，判定在百
                                                              马确认情况下，百
                                                              担是否成立。
```

```
                    i = i + 1
                    print("方案", i, "大马：", x, "中马：", y, "小马：", z)
```

程序运行结果见图 4.10 所示。

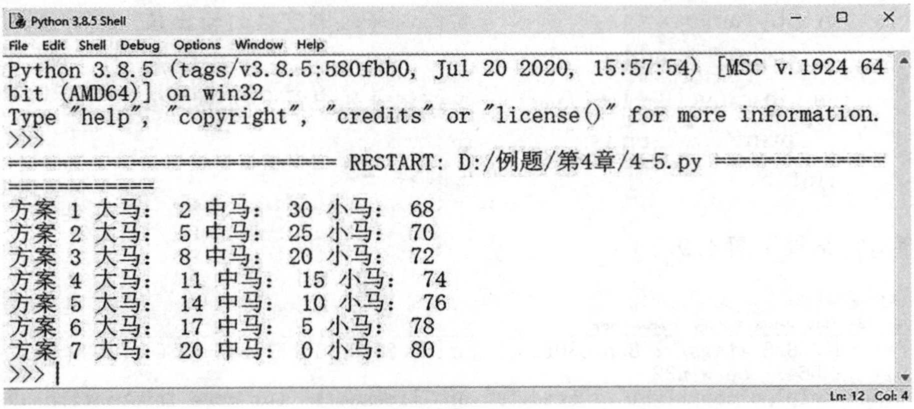

图 4.10　程序运行结果

　　在程序设计中，循环嵌套应用广泛，可以很好地解决一些数学算法问题，但循环嵌套的使用，特别是多层嵌套的应用，增加了系统运行的负担，提高了程序结构复杂度，因此要合理控制循环嵌套的层数，一般不要超出三层嵌套。

4.5　break 语句和 continue 语句

　　循环结构中有两条特殊语句：break 语句和 continue 语句。这两条语句在一定条件下触发可以改变循环结构执行的进程。

4.5.1　break 语句

break 语句在循环结构中通常是和选择结构结合使用，一般格式：
　　　　　　if〈条件判断表达式〉：
　　　　　　　　break　　　　　　　　　＃退出当前层循环结构
　　该结构在 for 语句结构和 while 语句结构的循环体语句中，当 if 结构判定条件判断表达式值为真时，执行 break 语句，程序将终止并跳出当前层循环操作，包括跳出 else 子句部分。其中需要注意以下几点：
　　（1）break 语句用于实现其所在的当前层循环结构的终止并跳出操作。
　　（2）break 语句不会单独出现在循环结构中，通常是和 if 语句结构同时出现。
　　（3）else 子句部分的执行条件是循环正常结束，执行 break 语句属于非正常情况，因此不执行 else 子句部分，直接跳出整个循环结构。

例 4.7　　鸡兔同笼问题。从键盘输入鸡兔的总数和腿的总数,求鸡、兔的实际个数,如果输入数据不正确,请给出错误提示(使用二元一次方程组求解方法)。

【分析】　本题是第 3 章综合案例中案例 3.1 的题目,在案例 1 中使用了古代数学家的"砍足法"。依据现代数学解题方式,此题是典型的二元一次方程组求解的数学问题,因此采用该方法进行解析和程序设计。

已知鸡和兔的总数量为 n,总脚数为 m,假设鸡有 x 只,兔有 y 只,则二元一次方程组:

$$\begin{cases} x + y = n \\ 2*x + 4*y = m \end{cases}$$

详细程序实现代码如下:

```python
#鸡兔同笼问题
n = int(input("输入总头数:"))
m = int(input("输入总脚数:"))
flag = 0          #flag 标志变量,循环结构结束,flag＝0 无解;flag＝1 有解。
for x in range(n + 1):
    y = n - x
    if 2 * x + 4 * y == m:
        flag = 1
        break
else:
    print("输入的数据不正确,无解!")
if flag == 1:
    print("鸡有", x, "只,兔子有", y, "只")
```

程序运行结果如图 4.11 所示。

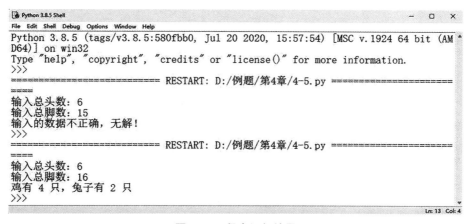

图 4.11　程序运行结果

4.5.2　continue 语句

continue 语句在循环结构中通常是和选择结构结合使用,一般格式如下:

         if〈条件判断表达式〉:

                 continue   ♯退出当前层本次循环,重新判定循环条件

在执行过程中,该结构在 for 语句结构和 while 语句结构的循环体语句中,当 if 结构判定条件判断表达式值为真时,执行 continue 语句,程序将终止当前层本次循环操作,跳转到循环条件判断表达式位置进行下一次的判定。其中需要注意如下几点:

(1) continue 语句用于实现其所在的当前层本次循环结构的终止并跳转操作。

(2) continue 语句不会单独出现在循环结构中,通常是和 if 语句结构同时出现。

(3) continue 语句的执行只影响本次循环进程,因此循环结构 else 子句部分正常执行。

例 4.8   输入 5 个数,统计输入正数的个数,并输出。

详细程序实现代码如下:

```
i = k = 0
while i<5:
    print("输入第", i + 1, "数 = ", end = "")
    n = eval(input())
    i = i + 1
    if n< = 0:                    ♯输入负数提前结束本轮循环,进入下一轮循环
        continue
    k = k + 1
print("5 个数中正数的个数 = ", k)
```

程序运行结果见图 4.12 所示。

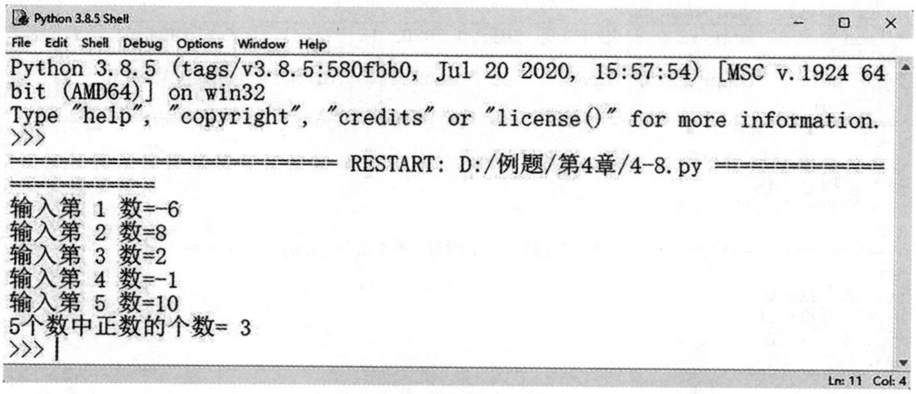

```
Python 3.8.5 Shell                                          —   □   ×
File  Edit  Shell  Debug  Options  Window  Help
Python 3.8.5 (tags/v3.8.5:580fbb0, Jul 20 2020, 15:57:54) [MSC v.1924 64
bit (AMD64)] on win32
Type "help", "copyright", "credits" or "license()" for more information.
>>>
================ RESTART: D:/例题/第4章/4-8.py ================
输入第 1 数=-6
输入第 2 数=8
输入第 3 数=2
输入第 4 数=-1
输入第 5 数=10
5个数中正数的个数= 3
>>>
                                                       Ln: 11  Col: 4
```

图 4.12　程序运行结果

4.6　综合案例

案例 4.1　斐波那契数列（Fibonacci sequence），又称黄金分割数列，因数学家莱昂纳多·斐波那契（Leonardo Fibonacci）以兔子繁殖为例子而引入，故又称为"兔子数列"，数列为：1、1、2、3、5、8、13、21、34、……请编写程序计算数列前 15 项值，并按照 1 行 5 个数的形式输出数列各项值。

【分析】　通过观察数列可得，数列除了第 1 项数值为 1 和第 2 项数值为 1 以外，从第3 项开始，其值都是前两项之和，公式表示如下：

$$f(n) = f(n-1) + f(n-2) \qquad n \geq 3$$

详细程序实现如下：

```python
f1 = 1
f2 = 1
print("斐波那契数列：")
print(f1, f2, end = " ")
for i in range(3, 16):
    f3 = f1 + f2
    f1 = f2
    f2 = f3
    print(f3, end = " ")
    if i%5 == 0:
        print()
```

程序运行结果如图 4.13 所示。

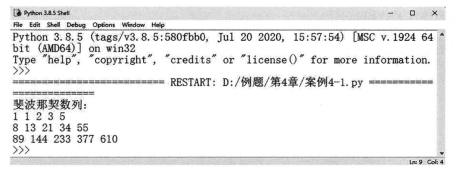

图 4.13　程序运行结果

案例 4.2　公式单项值小于 10^{-6} 时求 π 值，公式如下：

$$\frac{\pi}{4} \approx 1 - \frac{1}{3} + \frac{1}{5} - \frac{1}{7} + \cdots$$

【分析】　分析公式中数值可知：

（1）计算项每项的分子都是 1。

（2）后一项的分母可以通过前一项的分母加 2 求得。

（3）第 1 项的符号为正，从第 2 项起，每一项的符号与前一项的符号相反。

详细程序实现代码如下：

```
t = 1;pi = 0;n = 1.0;s = 1
while(abs(t)>1e - 6):        #abs(t)函数是求 t 的绝对值,1e - 6 是 10⁻⁶
    pi = pi + t
    n = n + 2;s = - s
    t = s/n;
pi = pi * 4
print("PI = ", pi)
```

程序运行结果见图 4.14。

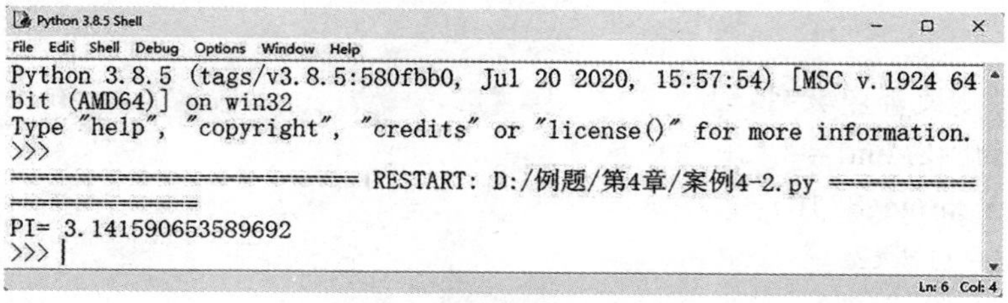

图 4.14　程序运行结果

案例 4.3　九九乘法表，也称为九九乘法口诀，是中国古代数学文化的重要组成部分。春秋战国时期，称为九九歌，是以"九九八十一"起到"二二如四"止，共 36 句口诀。元朝时期，朱世杰著《算学启蒙》中九数法有 45 句口诀，从"一一"到"九九"。乘法口诀有两种：45 句的称为小九九；81 句的称为大九九。九九乘法表最早出现在清朝陈杰著的《算法大成》中，本例输出的是小九九的 45 句乘法口诀。

详细程序实现代码如下：

```
for i in range(1, 10):
    for j in range(1, 10):
        if j<= i:
            sum = i * j
            print(j, " * ", i, " = ", sum, end = " ")
    print()
```

程序运行结果如图 4.15 所示。

```
Python 3.8.5 Shell                                                    -  □  ×
File Edit Shell Debug Options Window Help
Python 3.8.5 (tags/v3.8.5:580fbb0, Jul 20 2020, 15:57:54) [MSC v.1924 64 bit (AMD64)] on win32
Type "help", "copyright", "credits" or "license()" for more information.
>>>
======================== RESTART: D:/例题/第4章/案例4-3.py ========================
1 * 1 = 1
1 * 2 = 2  2 * 2 = 4
1 * 3 = 3  2 * 3 = 6  3 * 3 = 9
1 * 4 = 4  2 * 4 = 8  3 * 4 = 12  4 * 4 = 16
1 * 5 = 5  2 * 5 = 10  3 * 5 = 15  4 * 5 = 20  5 * 5 = 25
1 * 6 = 6  2 * 6 = 12  3 * 6 = 18  4 * 6 = 24  5 * 6 = 30  6 * 6 = 36
1 * 7 = 7  2 * 7 = 14  3 * 7 = 21  4 * 7 = 28  5 * 7 = 35  6 * 7 = 42  7 * 7 = 49
1 * 8 = 8  2 * 8 = 16  3 * 8 = 24  4 * 8 = 32  5 * 8 = 40  6 * 8 = 48  7 * 8 = 56  8 * 8 = 64
1 * 9 = 9  2 * 9 = 18  3 * 9 = 27  4 * 9 = 36  5 * 9 = 45  6 * 9 = 54  7 * 9 = 63  8 * 9 = 72  9 * 9 = 81
>>>
                                                                        Ln: 1  Col: 65
```

图 4.15　程序运行结果

本章小结

（1）讲述循环结构程序设计方法。

（2）for 语句结构主要用于循环次数确定或遍历序列情况。

（3）While 语句结构主要用于条件确定的情况。

（4）循环嵌套可以实现更复杂的逻辑和控制结构，当输出平面图案时，一般为外层循环控制行，内层循环控制列。

（5）灵活使用特殊语句 break 与 continue 语句对一些算法的实现有很好的效果。

（6）讲述了循环结构典型的应用案例。

 本章习题

填空题

（1）循环结构包含三个要素：_____、循环体和循环终止条件。

（2）在循环语句中，_____语句的作用是提前结束本层循环。

（3）在 Python 中主要有_____循环和_____循环两种结构。

（4）如果循环次数预先可以确定一般使用_____循环，_____循环则是一般用于循环次数难以预先确定的场合。

（5）在 Python 中，循环嵌套是一种非常有用的技术，它允许在一个循环内部执行另一个_____。

判断题

（1）在 Python 中有三种循环结构，分别是 for 循环、while 循环和 do 循环。（　　　）

（2）对于带有 else 子句的循环语句，如果是因为循环条件判断表达式不成立而结束循环，则执行 else 子句中的代码。（　　　）

（3）continue 语句的作用是提前结束循环，含义就是 continue 语句之后的所有语句都不执行，直接退出循环结构。（　　　）

（4）循环就是在一定条件下从终点又回到起点，是一种往复运动的方式，在现实世界中，有很多运算可以使用循环结构来解决。（　　　）

（5）循环变量通常是一个整型变量，用来保存循环的当前状态，在每一次循环迭代中，循环量都保持不变。（　　）

（6）在循环结构中，循环条件用于控制循环的次数，循环变量决定了循环是否继续执行，循环体包含了循环条件。（　　）

（7）循环结构不可以使用 else 语句。（　　）

编程题

（1）编写程序，判断今天是今年的第几天？

（2）蒙特·卡罗方法是一种通过概率得到近似圆周率的方法。假设有一块边长为 2 的正方形木板，上面画一个单位圆，然后随意往木板上扔飞镖，落点坐标 (x,y) 必然在木板上（更多的时候是落在单位圆内），如果扔的次数足够多，那么落在单位圆内的次数除以总次数再乘以 4，这个数字会无限逼近圆周率的值。编写程序，模拟蒙特·卡罗方法计算圆周率近似值，输入掷飞镖的次数，然后输出圆周率近似值。

第 5 章　序列应用基础

学习目标

(1) 熟练掌握有序序列(列表和元组)的用法。
(2) 掌握无序序列(集合和字典)的用法。
(3) 掌握序列常用函数。
(4) 掌握序列封包和序列解包的用法。

知识准备

引　　例

在数学计算中,经常遇到求解答案为一系列数据的问题,例如:求解一个正整数的质因子。一个正整数的质因子可能有一个,也可能有多个,举个例子,数字 12 的质因数分解为 12 = 2 * 2 * 3,它的质因子为 2、2 和 3,那么,在编程的过程中,这一系列质因子数据应该怎样表示呢? 例如输入一个大于 1 的正整数,输出该数的质因子列表。

详细程序代码如下:

```
a = int(input("请输入一个大于 1 的正整数："))
num = []
i = 2
while i <= a：
    if a%i == 0：
        a = a/i
        num.append(i)
        i = 1
    i += 1
print(num)
```

程序运行结果如图 5.1 所示。

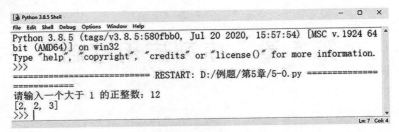

图 5.1　程序运行结果

5.1　序列基础知识

序列也称为组合数据类型,是具有 Python 特色的内置对象,通常是指能够存储多个值的数据类型,包括列表(list)、元组(tuple)、字符串(str)等。序列在 Python 程序设计中使用灵活、用途广泛,是非常重要的学习内容。Python 序列对象的分类如图 5.2 所示。

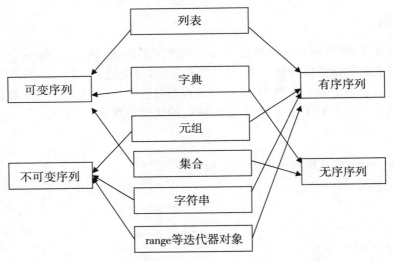

图 5.2　Python 序列分类

序列按照其元素的排列顺序可以划分为有序序列和无序序列,而按照是否能够对序列进行增、删、改操作可以划分为可变序列和不可变序列。由图 5.2 可得出如下分类:

(1) 有序序列:列表、元组、字符串以及 range 等迭代器对象。

(2) 无序序列:字典、集合。

(3) 可变序列:列表、字典、集合。

(4) 不可变序列:元组、字符串、range 等迭代器对象。

5.2　有 序 序 列

有序序列是指元素按特定的顺序排列,并且这个顺序可以通过索引值访问的序列。有序序列的元素可以是任何类型的数据,包括数值、字符串等。在有序序列中,元素之间有先后关系,每个元素都有一个唯一的索引值(即序号),通过索引值可以访问该元素。在 Python 语言中,有很多数据类型是有序序列,其中比较重要的是列表(list)、元组(tuple)、字符串(str)以及 range 等迭代器对象。本节主要讲述列表和元组的内容,字符串以及 range 等迭代器对象等内容将在后续章节中讲述。

5.2.1　列表(list)

列表是 Python 中重要的组合数据类型,是有序可变序列,关键字是 list。如表 5.1 所示。

表 5.1　列表常量

序号	列表常量举例	说　　　明
1	〔 〕	空列表
2	〔1, 2, 2, 3, 3, 3, 4, 4, 4, 4〕	数字列表
3	〔青岛科技大学, '信息学院 〕	字符串列表
4	〔信息学院', 2024, 9〕	混合类型列表
5	〔〔青岛科技大学', '青岛市'], [信息学院', '崂山校区'] 〕	包含子列表的列表

从表中可以看到如下几点:

(1) 列表的间隔符是一对方括号〔 〕,元素之间用半角逗号“,”分隔;

(2) 列表元素类型可以是数值、字符串、其他对象(元组、字典、集合、range 迭代器对象等),同一列表中元素类型可以相同也可以不同;

(3) 列表元素允许重复。

1. 创建和访问列表

(1) 创建列表的方法有三种,即赋值法、list 函数法和列表解析式法。

① 赋值法。赋值法是通过赋值运算符“＝”直接将一个列表常量赋值给变量来创建列表对象。语法格式如下:

变量＝列表常量

如表 5.2 举例说明:

表 5.2　赋值法

序号	创建列表举例	说　　　　明
1	a_list = []	创建列表对象 a_list,列表为空列表[]
2	a_list = [1, 2, 2, 3, 3, 3, 4, 4, 4, 4]	创建列表对象 a_list,列表为[1, 2, 2, 3, 3, 3, 4, 4, 4, 4]
3	a_list = ['青岛科技大学', '信息学院']	创建列表对象 a_list,列表为['青岛科技大学', '信息学院']
4	a_list = ['信息科学技术学院', 2024, 9]	创建列表对象 a_list,列表为['信息科学技术学院', 2024, 9]
5	a_list = [['青岛科技大学', '青岛市'], ['信息学院', '崂山校区']]	创建列表对象 a_list,列表为[['青岛科技大学', '青岛市'], ['信息学院', '崂山校区']]

　　② list 函数法。list 函数法是使用 Python 内置函数 list()将其他对象(字符串、元组、字典、集合、range 迭代器对象等)转换为列表常量赋值给变量来创建列表对象。语法格式如下:

变量 = list(对象)

如表 5.3 举例说明:

表 5.3　list 函数法

序号	创建列表举例	说　　　　明
1	a_list = list()	创建列表对象 a_list,列表为空列表[]
2	a_list = list("QUST")	创建列表对象 a_list,列表为['Q', 'U', 'S', 'T']
3	a_list = list(range(1, 5))	创建列表对象 a_list,列表为[1, 2, 3, 4]

　　③ 列表解析式法。列表解析式法也称为列表推导式法,是 Python 提供的一种简洁而强大的方法,用于生成列表。它可以用一行代码代替多行代码,实现对列表的过滤和转换操作。列表解析式法的语法格式如下:

[表达式 for 取值变量 in 序列 [if 条件判断表达式]]

　　依次从序列中选取符合条件判断表达式要求的元素值给取值变量,并运算表达式求得结果,每次执行后结果作为所生成列表的元素值。其中两点说明,首先[if 条件判断表达式]为可选项,最外层[]为列表间隔符;其次列表解析式是使用简洁的方式通过简单循环结构实现生成一个列表的方法。详细的举例如表 5.4 所示:

表 5.4　列表解析式法

序号	创建列表举例	说　　　　明
1	a_list = [x + x　for　x in range(1, 5)]	创建列表对象 a_list,列表为[2, 4, 6, 8]
2	a_list = [x + x for x in range(1, 5) if x%2 == 0]	创建列表对象 a_list,列表为[4, 8]

（2）访问列表。访问列表实际是访问列表中某一元素。列表是有序序列，可以通过索引值访问列表中某一元素。Python 列表是双向索引，正向索引是列表元素的索引值默认 0 开始从左向右依次编码，负向索引是列表元素的索引值默认 −1 开始从右向左依次编码，以 a_list = ['Q','U','S','T'] 为例：

列表元素	Q	U	S	T
自左向右	0	1	2	3
自右向左	−4	−3	−2	−1

详细举例如表 5.5 所示：

表 5.5　访问列表

序号	举　例	说　明
1	a_list[0]	访问列表 a_list 索引值为 0 的元素，即第一个元素'Q'
2	a_list[−1]	访问列表 a_list 索引值为 −1 的元素，即最后一个元素'T'
3	a_list[1]	访问列表 a_list 索引值为 1 的元素，即第二个元素'U'
4	a_list[−3]	访问列表 a_list 索引值为 −3 的元素，即倒数第三个元素'U'
5	a_list[9]	索引值超出范围，将报错"IndexError：list index out of range"

2．列表运算符

在 Python 中，常用的支持列表操作的运算符有 4 个："+"运算符、"*"运算符、成员测试运算符和切片运算的。

（1）"+"运算符。"+"运算符可以实现两个列表的连接，并返回新列表。例如：

```
x = [1, 2, 3]
y = [4, 5, 6]
z = x + y
```

列表 z 的结果：

$$[1, 2, 3, 4, 5, 6]$$

复合赋值运算符"+="与"+"运算符虽然都能实现列表的连接，但前者实现了原列表元素的追加，例如：

```
x = [1, 2, 3]
y = [4, 5, 6]
x += y
```

列表 x 的结果：

$$[1, 2, 3, 4, 5, 6]$$

（2）"*"运算符。"*"运算符可以实现列表和一个整数相乘，结果为列表中元素数量被复制了整数倍，并返回一个新列表。例如：

```
x = [1, 2, 3]
z = x * 2
```

列表 z 的结果：

$$[1, 2, 3, 1, 2, 3]$$

复合赋值运算符"*="与"*"运算符虽然都能实现列表的连接，但前者实现了原列表元素的追加，例如：

```
x = [1, 2, 3]
x * = 2
```

列表 x 的结果：

$$[1, 2, 3, 1, 2, 3]$$

（3）成员测试运算符。成员测试运算符检查元素是否在列表中，运算符"in"如果列表中有该元素则返回 True，否则返回 False，而运算符"not in"与之相反。例如：

```
x = [1, 2, 3]
1 in x          #1是列表 x 中的元素，表达式返回值 True；
6 in x          #6 不是列表 x 的元素，表达式返回值 False；
1 not in x      #1是列表 x 中的元素，表达式返回值 False；
6 not in x      #6是列表 x 中的元素，表达式返回值 True。
```

（4）切片运算符。切片（slicing）是一种操作序列的语法功能，使用方括号"[ ]"和冒号":"来定义范围和步长，从而提取序列的一部分。切片的表现形式类似于运算符的操作，能够对列表、字符串、元组等进行子集提取和操作。切片的语法形式：

序列[start : end : step]

详细参数说明如下：

start：切片开始的索引值（包含）；

end：切片结束的索引值（不包含）；

step：切片的步长（默认为 1）。

① 提取列表元素。切片操作可以实现提取列表元素值，生成一个新列表。例如：

```
x = [1, 2, 3, 4, 5, 6]
y = x[1:5:2]     #切片起始位1,结束位5,步长2,新列表 y 是[2, 4]
y = x[::-1]      #切片起始位0,结束位5,步长-1,新列表 y 是[6, 5, 4, 3, 2, 1]
y = x[1::3]      #切片起始位1,结束位5,步长3,新列表 y 是[2, 5]
y = x[::2]       #切片起始位0,结束位5,步长2,新列表 y 是[1, 3, 5]
y = x[7:10]      #切片位置越界,新列表 y 是空列表
y = x[-5:3]      #切片起始位-5,结束位3,步长1,新列表 y 是[2, 3]
y = x[4:-10:-1]  #切片起始位4,结束位-10,步长-1,新列表 y 是[5, 4, 3, 2, 1]
```

切片提取列表元素操作后，原列表不变。

② 添加列表元素。详细举例如下：

```
x=[1, 2, 3, 4, 5, 6]        #正索引值(0~5),负索引值(−1~ −6)
x[6:]=[7]                   #切片起始位6,即列表x尾部,列表常量[7]添加到列
                             表x尾部,列表x结果是[1, 2, 3, 4, 5, 6, 7]
x[:0]=[0]                   #切片结束位0,即列表x头部,列表常量[0]添加到列
                             表x头部,列表x结果是[0, 1, 2, 3, 4, 5, 6, 7]
x[5:5]=[55] * 2             #切片起始位5,结束位5,列表常量[55, 55]添加到列
                             表x索引值5的位置,列表x结果是[0, 1, 2, 3, 4, 55,
                             55, 5, 6, 7]
```

切片添加列表元素操作后,原列表改变。

③ 修改列表元素。详细举例如下:

```
x=[1, 2, 3, 4, 5, 6]        #正索引值(0~5),负索引值(−1~ −6)
x[:1]=[11]                  #切片起始位0,结束位1,列表常量[11]替换x[0],列
                             表x结果是[11, 2, 3, 4, 5, 6]
x[1:4]=[22, 33, 44]         #切片起始位1,结束位4,列表常量[22, 33, 44]替换列
                             表x索引值1-3号的元素值,列表x结果是[11, 22,
                             33, 44, 5, 6]
```

切片修改列表元素操作后,原列表改变。

3. 列表命令

在程序中,命令通常指在解释器或编程环境中执行的指令。Python 命令是执行操作的简单语句,如变量赋值、函数调用等。当一个列表或一个列表元素在程序中不再需要时,可使用命令 del 将其删除(释放)。del 命令主要用于删除对象或变量。例如:

```
x=[1, 2, 3, 4, 5, 6]
del x[1]            #删除列表x中索引为1的元素,列表x结果是[1, 3, 4, 5, 6]
del x               #删除列表x,列表x删除后不可以在程序中使用。
```

del 命令删除的对象或对象元素,在没有再次定义时将不能被使用,否则会引发错误。

4. 列表方法

列表方法是附属于具体对象的函数,用于操作对象的数据或状态。列表对象常用的方法共有 11 种,如表 5.6 所示(表中例子设定列表对象为 x)。

表 5.6　列表对象常用方法

序号	列表方法	注　　　释
1	x. append(a)	追加单个元素:将元素值 a 追加到列表 x 的尾部
2	x. extend(L)	追加整个列表:将列表 L 所有元素追加到列表 x 的尾部
3	x. insert(index, a)	在列表 x 的 index 位置插入元素值 a:该位置后面所有元素均后移,并且索引值加 1

序号	列表方法	注　　释
4	x. copy()	返回列表 x 的浅拷贝对象
5	x. remove(a)	删除列表 x 中元素值为 a 的第一个元素,其后所有元素前移且索引值减 1,若列表中不存在元素值 a,则会出现错误提示
6	x. pop([index])	删除并且返回索引值 index 的元素值,index 默认值为 −1,无结果会出现错误提示
7	x. clear()	清空列表 x 中所有元素,保留列表 x,此时列表 x 为空列表
8	x. index(a)	返回列表 x 中元素值为 a 的第一个元素的索引值,若不存在此值,则会出现错误提示
9	x. count(a)	返回元素值 a 在列表 x 中出现的次数
10	x. reverse()	返回列表 x 所有元素按照索引值逆序原地操作结果
11	x. sort()	参数格式:(key = None, reverse = False) 返回列表 x 中所有元素值排序原地操作结果。参数 key 指定排序规则,默认值 None,表示直接使用列表中的元素进行排序。参数 reverse 指定升降序,默认值 False 表示升序,若为 True 表示降序

注:原地操作:是指直接修改对象的内容,而不是创建一个新的对象。

（1）添加列表元素方法。添加列表元素方法有 append()、extend() 和 insert() 三种,这三种方法的共同特点是"原地操作"。例如:

```
x = [1, 2]              #创建列表 x
x. append(3)           #列表 x 尾部追加元素,结果是[1, 2, 3]
x. insert(0, 0)        #列表 x 指定位置插入元素值 0,结果是[0, 1, 2, 3]
x. extend([4, 5, 6])   #列表 x 尾部追加列表,结果是[0, 1, 2, 3, 4, 5, 6]
```

（2）删除列表元素方法。删除列表元素方法有 pop()、remove() 和 clear() 三种,这三个方法的共同特点是"原地操作"。例如:

```
x = [0, 1, 2, 3, 4, 5, 6]
x. pop()        #删除索引值−1 位置的列表 x 元素,并显示其元素值 6
x. pop(4)       #删除索引值 4 位置的列表 x 元素,并显示其元素值 4
x. remove(5)    #删除列表 x 元素值为 5 的元素
x. clear()      #清空列表 x 中所有元素,列表 x 为空列表
```

（3）列表元素定位和计数方法。index() 是列表元素定位方法,返回列表中指定元素值的第一个元素的索引值,若不存在此值,则会出现错误提示。count() 是相同列表元素值计数方法,返回指定元素值在列表中出现的次数。例如:

```
x = [0, 1, 2, 3, 0, 1, 3]
x.index(1)          # 查询元素值为 1 的索引值,结果是 1,只返回第 1 个元素
                      位置
x.index(5)          # 查询元素值为 5 的索引值,值不存在,结果是"ValueError:
                      5 is not in list"
x.count(1)          # 统计元素值为 1 的出现次数,结果是 2
x.count(5)          # 统计元素值为 5 的出现次数,结果是 0
```

(4) 列表元素逆序和排序方法。reverse()是列表元素逆序方法,返回列表中所有元素按照索引值逆序原地操作结果。sort()是列表元素排序方法,返回列表中所有元素值排序原地操作结果。例如:

```
x = [1, 2, 3, 6, 5, 4]          # 创建列表 x
x.reverse()                     # 列表 x 的所有元素逆序,结果是[4, 5, 6, 3, 2, 1]
x.sort()                        # 列表 x 的所有元素升序排列,结果是[1, 2, 3, 4, 5, 6]
x.sort(reverse = True)          # 列表 x 的所有元素降序排列,结果是[6, 5, 4, 3, 2, 1]
```

(5) 列表拷贝方法。列表拷贝方法可以分为赋值拷贝、浅拷贝和深拷贝三种情况。

① 赋值拷贝。赋值拷贝是指一个对象(变量或序列等)通过赋值操作,赋给另外一个对象的过程。这两个对象具有相同的引用,两个对象之间将产生相互影响。两个具有相同数据结构但不同对象名的对象存储在同一内存单元,这个内存单元称为引用。例如:

```
x = [1, 2, 3, 4, 5, 6]          # 创建列表 x
y = x                           # 列表 x 赋值拷贝给列表 y
print(id(x), id(y))             # 内置函数 id()的作用是返回指定对象的存储地
                                  址,列表 x 和列表 y 存储地址相同,结果为
                                  2774335423872　2774335423872
y.append(0)                     # 列表 y 尾部追加元素值 0
print("x = ", x, ", y = ", y)   # 输出结果是:x = [1, 2, 3, 4, 5, 6, 0], y = [1, 2, 3, 4,
                                  5, 6, 0]
```

可见,通过赋值拷贝的两个对象相互影响,存储在共同的内存单元。

② 浅拷贝。浅拷贝是指通过创建一个新对象,将原对象拷贝给新对象,其中只有新对象内部的子对象仍是原来的引用。创建浅拷贝的主要方式为 copy()方法、切片操作、copy标准函数库 copy()函数和构造函数等。例如:

```
x = [1, 2, 3, [4, 5, 6]]        # 创建具有嵌套子列表的列表 x
y = x.copy()                    # 使用 copy()方法,将列表 x 浅拷贝给列表 y
y[3].append(7)                  # 列表 y 尾部嵌套子列表中追加元素值 7
print("x = ", x, ", y = ", y)   # 输出结果是:x = [1, 2, 3, [4, 5, 6, 7]], y = [1, 2,
                                  3, [4, 5, 6, 7]]
```

```
y[1] = 8  #修改列表 y 中索引值为 1 的元素值为 8
print("x = ", x, ", y = ", y)  #输出结果是:x = [1, 2, 3, [4, 5, 6, 7]],y = [1, 8, 3,
                                              [4, 5, 6, 7]]
```

可见,通过浅拷贝的两个对象中只有子对象相互影响,具有共同的作用。

③ 深拷贝。深拷贝是指创建一个对象的完整副本,包括该对象及其所有嵌套的子对象,拷贝后两个对象间将没有任何影响。创建深拷贝的主要方式是 copy 标准函数库 deepcopy()函数。

```
import copy                      #导入 copy 标准库
x = [1, 2, 3, [4, 5, 6]]         #创建列表 x
y = copy.deepcopy(x)             #使用 deepcopy()函数完成深拷贝
y[3].append(7)                   #列表 y 尾部嵌套子列表中追加元素值 7
print("x = ", x, ", y = ", y)    #输出结果是:x = [1, 2, 3, [4, 5, 6, 7]], y = [1, 2, 3,
                                               [4, 5, 6, 7]]
y[1] = 8                         #修改列表 y 中索引值为 1 的元素值为 8
print("x = ", x, ", y = ", y)    #输出结果是:x = [1, 2, 3, [4, 5, 6, 7]],y = [1, 8, 3,
                                               [4, 5, 6, 7]]
```

可见,通过深拷贝的两个对象中相互没有影响,存储在不同的内存单元。

例 5.1 已知一个等比数列,初值为 3,公比为 5,将其前 10 项存放到一个列表中并输出。

详细程序实现代码:

```
x = []
a = 3
b = 5
for i in range(10):
    x.append(a)
    a = a * b
print("等比数列的值:", x)
```

程序运行结果如图 5.3 所示。

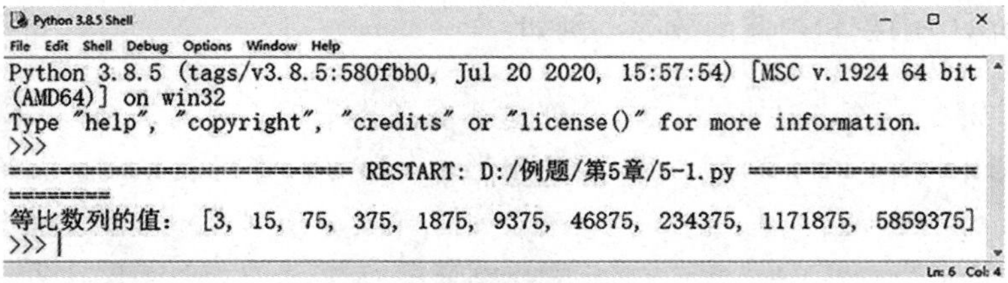

```
Python 3.8.5 Shell                                            –  □  ×
File Edit Shell Debug Options Window Help
Python 3.8.5 (tags/v3.8.5:580fbb0, Jul 20 2020, 15:57:54) [MSC v.1924 64 bit
(AMD64)] on win32
Type "help", "copyright", "credits" or "license()" for more information.
======================= RESTART: D:/例题/第5章/5-1.py =======================
等比数列的值: [3, 15, 75, 375, 1875, 9375, 46875, 234375, 1171875, 5859375]
>>>
                                                                      Ln: 6 Col: 4
```

图 5.3　程序运行结果

5.2.2　元组(tuple)

元组是具有只读属性的列表,是有序不可变序列,关键字是 tuple。如表 5.7 所示:

表 5.7　元组常量

序号	元组常量举例	说　　　明
1	( )	空元组
2	(1,)	只有一个元素的元组
3	(1, 2)	数字元组
4	('青岛科技大学', '信息学院')	字符串元组
5	('信息学院', 2024, 9)	混合类型元组
6	(['青岛科技大学', '青岛市'], ('信息学院', '崂山校区'))	包含子对象的元组

其中有如下几点需要说明:

(1) 元组的间隔符是一对小括号(),元素之间用半角逗号“,”分隔。

(2) 只有一个元素的元组,必须保留第 1 个元素后的逗号。

(3) 元组元素类型可以是数值、字符串、其他对象(元组、字典、集合、range 迭代器对象等),同一元组中元素类型可以相同也可以不同。

(4) 元组元素允许重复。

1. 创建和访问元组

(1)创建元组。创建元组的方法有两种:赋值法和 tuple 函数法。

① 赋值法。赋值法是通过赋值运算符“=”直接将一个元组常量赋值给变量来创建元组对象。语法格式:

变量＝元组常量

详细举例如下:

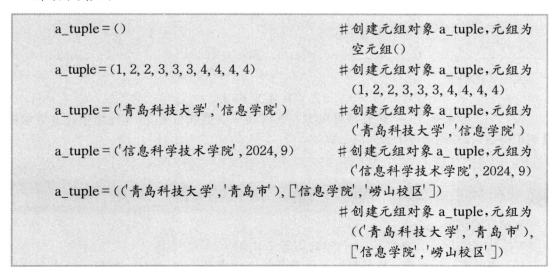

```
a_tuple = ()                          #创建元组对象 a_tuple,元组为
                                        空元组()
a_tuple = (1, 2, 2, 3, 3, 3, 4, 4, 4, 4)    #创建元组对象 a_tuple,元组为
                                        (1, 2, 2, 3, 3, 3, 4, 4, 4, 4)
a_tuple = ('青岛科技大学', '信息学院')      #创建元组对象 a_tuple,元组为
                                        ('青岛科技大学', '信息学院')
a_tuple = ('信息科学技术学院', 2024, 9)     #创建元组对象 a_tuple,元组为
                                        ('信息科学技术学院', 2024, 9)
a_tuple = (('青岛科技大学', '青岛市'), ['信息学院', '崂山校区'])
                                      #创建元组对象 a_tuple,元组为
                                        (('青岛科技大学', '青岛市'),
                                        ['信息学院', '崂山校区'])
```

② tuple 函数法。tuple 函数法是使用 Python 内置函数 tuple( )将其他对象(字符串、列表、字典、集合、range 迭代器对象等)转换为元组常量赋值给变量来创建元组对象。语法格式如下:

变量 = tuple(对象)

详细举例如下:

```
a_tuple = tuple()              # 创建元组对象 a_tuple,元组为空元组()
a_tuple = tuple("QUST")        # 创建元组对象 a_tuple,元组为('Q','U',
                                 'S','T')
a_tuple = tuple(range(1,5))    # 创建元组对象 a_tuple,元组为(1,2,3,4)
```

(2) 访问元组。访问元组实际是访问元组中某一元素。元组是有序序列,可以通过索引值访问元组中某一元素,元组是双向索引,正向索引默认 0 开始,负向索引默认 -1 开始。
详细举例如下:

```
a_tuple = ('Q','U','S','T')
a_tuple[0]        # 访问元组 a_tuple 索引值为 0 的元素,即第一个元素'Q'
a_tuple[-1]       # 访问元组 a_tuple 索引值为 -1 的元素,即最后一个元素'T'
a_tuple[1]        # 访问元组 a_tuple 索引值为 1 的元素,即第二个元素'U'
a_tuple[-3]       # 访问元组 a_tuple 索引值为 -3 的元素,即倒数第三个元素
                    'U'
a_tuple[9]        # 索引值超出范围,将报错"IndexError:tuple index out of range"
```

2. 元组运算符

在 Python 中,支持元组操作的运算符共有四个:" + "运算符、" * "运算符、成员测试运算符和切片运算符。

(1) " + "运算符。" + "运算符可以实现两个元组的连接,并返回新元组。例如:

```
x = (1, 2, 3)
y = (4, 5, 6)
z = x + y
```

元组 z 的结果:

(1, 2, 3, 4, 5, 6)

(2) " * "运算符。" * "运算符可以实现元组和一个整数相乘,从而元组中元素数量被复制了整数倍,并返回一个新元组。例如:

```
x = (1, 2, 3)
z = x * 2
```

元组 z 的结果:

(1, 2, 3, 1, 2, 3)

(3) 成员测试运算符。成员测试运算符是检查元素是否在元组中,如果元组中有该运

算符"in"则返回 True,否则返回 False,而运算符"not in"与之相反。例如:

```
x = (1, 2, 3)
1 in x
6 in x
1 not in x
6 not in x
```

最终得到的结果:1 是元组 x 中的元素,表达式返回值 True;6 不是元组 x 的元素,表达式返回值 False;1 是元组 x 中的元素,表达式返回值 False;6 是元组 x 中的元素,表达式返回值 True。

(4) 切片运算符。切片能够对元组进行子集提取操作。切片操作可以实现提取元组的元素值,从而生成一个新元组。例如:

```
x = (1, 2, 3, 4, 5, 6)
y = x[1:5:2]          #切片起始位1,结束位5,步长2,新元组y是(2,4)
y = x[::-1]           #切片起始位0,结束位5,步长-1,新元组y是(6,5,4,
                        3,2,1)
y = x[1::3]           #切片起始位1,结束位5,步长3,新元组y是(2,5)
y = x[::2]            #切片起始位0,结束位5,步长2,新元组y是(1,3,5)
y = x[7:10]           #切片位置越界,新列表y是空元组
y = x[-5:3]           #切片起始位-5,结束位3,步长1,新元组y是(2,3)
y = x[4:-10:-1]       #切片起始位4,结束位-10,步长-1,新元组y是(5,
                        4,3,2,1)
```

可见,切片提取元组元素操作后,原元组不变。

3. 元组命令

元组中 del 命令主要用于删除对象。例如:

```
x = (1, 2, 3, 4, 5, 6)
del x        #删除元组 x,元组 x 删除后不可以在程序中使用
```

4. 元组方法

元组对象常用的方法见表 5.8 所示(表中例子设定元组对象为 x)。

表 5.8　元组对象常用方法

序号	元组方法	注　　释
1	x.index(a)	返回元组 x 中元素值为 a 的第一个元素的索引值,若不存在此值,则会出现错误提示
2	x.count(a)	返回元素值 a 在元组 x 中出现的次数

index()是元组元素定位方法,返回元组中指定元素值的第一个元素的索引值,若不存

在此值,则会出现错误提示。count()是相同元组元素值计数方法,返回指定元素值在元组中出现的次数。例如:

```
x = (0, 1, 2, 3, 0, 1, 3)
x.index(1)    #查询元素值为 1 的索引值,结果是 1,只返回第 1 个元素位置
x.index(5)    #查询元素值为 5 的索引值,结果是"ValueError:tuple.index
              (x):x not in tuple"
x.count(1)    #统计元素值为 1 的出现次数,结果是 2
x.count(5)    #统计元素值为 5 的出现次数,结果是 0
```

例 5.2   数字转换中文大写问题:键盘输入数字,转换成中文大写形式,并将数字和中文大写分别输出。如将数字"3.1415926"转换中文为"叁点壹肆壹伍玖贰陆"。

详细程序实现代码如下:

```
chinese_number = ("零", "壹", "贰", "叁", "肆", "伍", "陆", "柒", "捌", "玖")
number = input("请输入一个数字:")
print("数字", number, "转换中大写为:", end = "")
for i in range(len(number)):
    if "." in number[i]:
        print("点", end = "")
    else:
        print(chinese_number[int(number[i])], end = "")
```

程序运行结果如图 5.4 所示。

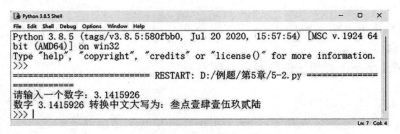

图 5.4   程序运行结果

5.3 无 序 序 列

无序序列是指元素不可重复的、没有排列顺序的序列。常见的无序序列包括集合(set)和字典(dictionary)。

5.3.1　集合(set)

集合是无序可变的数据结构,关键字是 set,如表 5.9 所示:

表 5.9　集合常量

序号	集合常量举例	说　　明
1	set()	空集合
2	{1, 2, 3, 4}	数字集合
3	{'青岛科技大学','信息学院'}	字符串集合
4	{'信息学院', 2024, 9}	混合类型集合
5	{('青岛科技大学','青岛市'),('信息学院','崂山校区')}	包含不可变子对象的集合

对于集合的应用,有如下几点说明:

(1) 集合的间隔符是一对大括号{},元素之间用半角逗号“,”分隔。

(2) 集合是可变的,但集合中元素是不可变的,包括字符串、数字或元组等,同一集合中元素类型可以相同也可以不同。

(3) 集合元素不允许重复。

1. 创建集合

创建集合的方法有三种:赋值法、set 函数法和集合解析式法。

(1) 赋值法。赋值法是通过赋值运算符“=”直接将一个集合常量赋值给变量来创建集合对象。语法格式如下:

变量=集合常量

详细举例如下:

```
a_set = set()                           #创建集合对象 a_set,集合为空集合
a_set = {1, 2, 3, 4}                    #创建集合对象 a_set,集合为{1, 2, 3,
                                          4}
a_set = {'青岛科技大学','信息学院'}     #创建集合对象 a_set,集合为{'青岛
                                          科技大学','信息学院'}
a_set = {'信息科学技术学院', 2024, 9}   #创建集合对象 a_set,集合为{'信息
                                          学院', 2024, 9}
a_set = {('青岛科技大学','青岛市'),      #创建集合对象 a_set,集合为{('青岛
('信息学院','崂山校区')}                 科技大学','青岛市'),('信息学
                                          院','崂山校区')}
```

(2) set 函数法。set 函数法是使用 Python 内置函数 set()将其他对象(字符串、列表、元组、字典、range 迭代器对象等)转换为集合常量赋值给变量来创建集合对象的方法。语法格式如下:

$$变量 = set(对象)$$

详细举例如下：

```
a_set = set()              #创建集合对象 a_set,集合为空集合
a_set = set("QUST")        #创建集合对象 a_set,集合为{'Q','U','S','T'}
a_set = set(range(1, 5))   #创建集合对象 a_set,集合为{1, 2, 3, 4}
```

（3）集合解析式法。集合解析式法是 Python 提供的一种简洁而强大的方法，用于生成集合。它可以用一行代码代替多行代码，实现对集合的过滤和转换操作。集合解析式法的语法格式如下：

$$\{表达式\ for\ 取值变量\ in\ 序列\ [if\ 条件判断表达式]\}$$

依次从序列中选取符合条件判断表达式要求的元素值赋给取值变量，运算表达式求得结果，每次执行后结果作为所生成集合的元素值。

需要说明的是，首先"[if 条件判断表达式]"为可选项，最外层"{}"为集合间隔符；其次集合解析式是使用简洁的方式通过简单循环结构实现生成一个集合的方法。

详细举例如下：

```
a_set ={x + x for x in range(1, 5)}   #创建集合对象 a_set,集合为{2, 4, 6, 8}
a_set ={x + x for x in range(1, 5) if x%2 == 0}   #创建集合对象 a_set,集合为
                                                  {8, 4}
```

2. 集合运算符

在 Python 中，支持集合操作的运算符有：集合基本运算符（交集"&"，并集"|"，差集"−"，异或"^"）、集合关系运算符（真超集">"、超集">="、真子集"<"、子集"<="）和成员测试运算符。

（1）集合基本运算。集合基本运算对应着集合间的数学运算部分，包括交集运算符"&"，并集运算符"|"，差集运算符"−"，异或运算符"^"。举例如下：

```
x = {1, 2, 3, 4}
y = {3, 4, 5, 6}
z = x&y         #集合 z 的结果是{3, 4}
z = x|y         #集合 z 的结果是{1, 2, 3, 4, 5, 6}
z = x − y       #集合 z 的结果是{1, 2}
z = x^y         #集合 z 的结果是{1, 2, 5, 6}
```

（2）集合关系运算符。集合关系运算对应着集合间相互的包含关系，包括真超集运算符">"、超集运算符">="、真子集运算符"<"、子集运算符"<="。举例如下：

```
x = {1, 2, 3, 4}
y = {3, 4}
z = x>y         #z 的结果是:True
z = x>=y        #z 的结果是:True
```

```
z＝y＞x  #z 的结果是:False
z＝y＜x  #z 的结果是:True
z＝y＜＝x  #z 的结果是:True
z＝x＜＝y  #z 的结果是:False
```

(3) 成员测试运算符。成员测试运算符是检查元素是否在集合中,如果集合中有该元素则返回 True,否则返回 False,而运算符"not in"与之相反。举例如下:运算符"in"

```
x＝{1, 2, 3}
1 in x          #1 是集合 x 中的元素,表达式返回值为 True
6 in x          #6 不是集合 x 的元素,表达式返回值为 False
1 not in x      #1 是集合 x 中的元素,表达式返回值为 False
6 not in x      #6 是集合 x 中的元素,表达式返回值为 True
```

3. 集合命令

del 命令主要用于删除集合对象。举例如下:

```
x＝{1, 2, 3, 4, 5, 6}
del x          #删除集合 x,集合 x 删除后不可以在程序中使用
```

4. 集合方法

集合对象常用的方法见表 5.10 所示(表中例子设定集合对象为 x 和 y)。

表 5.10　集合对象常用方法

序号	集合方法	注　　释
1	x.intersection(y)	集合 x 与集合 y 的交集,返回结果为逻辑值
2	x.union(y)	集合 x 与集合 y 的并集,返回结果为逻辑值
3	x.difference(y)	集合 x 与集合 y 的差集,返回结果为逻辑值
4	x.symmetric_difference(y)	集合 x 与集合 y 的异或集,返回结果为逻辑值
5	x.issubset(y)	判断集合 x 是否是集合 y 子集,返回结果为逻辑值
6	x.issuperset(y)	判断集合 x 是否是集合 y 超集,返回结果为逻辑值
7	x.add(a)	追加单个元素:将元素值 a 追加到集合 x 中
8	x.update(y)	追加整个集合:将集合 y 所有元素追加到集合 x 中
9	x.copy()	返回集合 x 的浅拷贝对象。集合中元素是不可变对象,浅拷贝和深拷贝没有区别
10	x.remove(a)	删除集合 x 中元素值为 a 的元素,若集合中不存在元素值 a,则会出现错误提示
11	x.discard(a)	删除集合 x 中元素值为 a 的元素,若集合中不存在元素值 a,则无提示信息

序号	集合方法	注　　释
12	x. pop()	随机删除并返回集合中的一个元素,空集合无结果会出现错误提示
13	x. clear()	清空集合 x 中所有元素,保留集合 x,此时集合 x 为空集合

（1）集合基本运算方法。集合基本运算方法包括交集 intersection()、并集 union()、差集 difference()和异或集 symmetric_difference()。举例如下：

```
x = {1, 2, 3, 4}
y = {3, 4, 5, 6}
z = x. intersection(y)          # 集合 z 的结果是{3, 4}
z = x. union(y)                 # 集合 z 的结果是{1, 2, 3, 4, 5, 6}
z = x. difference(y)            # 集合 z 的结果是{1, 2}
z = x. symmetric_difference(y)  # 集合 z 的结果是{1, 2, 5, 6}
```

（2）集合关系运算方法。集合关系运算方法包括超集 issuperset()和子集 issubset()。举例如下：

```
x = {1, 2, 3, 4}
y = {3, 4}
z = (x. issuperset(y) and x! = y)    # 集合 x 是集合 y 的真超集,z 的结果是 True
z = x. issuperset(y)                 # 集合 x 是集合 y 的超集,z 的结果是 True
z = y. issuperset(x)                 # 集合 y 不是集合 x 的超集,z 的结果是 False
z = (y. issubset(x) and x! = y)      # 集合 y 是集合 x 的真子集,z 的结果是 True
z = y. issubset(x)                   # 集合 y 是集合 x 的子集,z 的结果是 True
z = x. issubset(y)                   # 集合 x 不是集合 y 的子集,z 的结果是 False
```

（3）添加集合元素方法。添加集合元素方法有 add()和 update()两种。举例如下：

```
x = {1, 2}             # 创建集合 x
x. add(3)              # 集合 x 追加元素,结果是{1, 2, 3}
x. update({4, 5, 6})   # 集合 x 追加集合,结果是{1, 2, 3, 4, 5, 6}
```

（4）删除集合元素方法。删除集合元素方法有 pop()、remove()、discard()和 clear()四种。举例如下：

```
x = {0, 1, 2, 3, 4, 5, 6}
x. pop()          # 随机删除集合 x 中一个元素,并显示其元素值为 0
x. remove(5)      # 删除集合 x 元素值为 5 的元素
x. discard(4)     # 删除集合 x 元素值为 4 的元素
x. clear()        # 清空集合 x 中所有元素,集合 x 为空集合
```

（5）集合拷贝方法。集合拷贝方式可以分为赋值拷贝、浅拷贝和深拷贝三种情况：

① 赋值拷贝。赋值操作的两个集合具有相同的引用，两个集合之间将产生相互影响。举例如下：

```
x = {1, 2}                    #创建集合 x
y = x                         #集合 x 赋值拷贝给集合 y
print(id(x), id(y))           #内置函数 id()的作用是返回指定对象的存储地址
    #集合 x 和集合 y 存储地址相同，结果为 2774366725952, 2774366725952
y.add(3)                      #集合 y 追加元素值 3
print("x = ", x, ", y = ", y) #输出结果是：x = {1, 2, 3}, y = {1, 2, 3}
```

可见，通过赋值拷贝的两个集合相互影响，存储在共同的内存单元中。

② 浅拷贝。集合创建浅拷贝的主要方式有 copy()方法、copy 标准函数库 copy()函数和构造函数等。举例如下：

```
x = {1, 2, 3, (4, 5)}         #创建具有嵌套子对象的集合 x
y = x.copy()                  #使用 copy()方法，将集合 x 浅拷贝给集合 y
y.remove((4, 5))              #删除集合 y 嵌套子对象
print("x = ", x, ", y = ", y) #输出结果是 x = {(4, 5), 1, 2, 3}, y = {1, 2, 3}
y.remove(2)                   #删除集合 y 中元素值为 2 的元素
print("x = ", x, ", y = ", y) #输出结果是 x = {(4, 5), 1, 2, 3}, y = {1, 3}
```

可见，通过浅拷贝的两个集合相互不影响。

③ 深拷贝。集合创建深拷贝的主要方式是 copy 标准函数库 deepcopy ()函数。举例如下：

```
import copy                   #导入 copy 标准库
x = {1, 2, 3, (4, 5)}         #创建集合 x
y = copy.deepcopy(x)          #使用 deepcopy()函数完成深拷贝
y.remove((4, 5))              #删除集合 y 嵌套子对象
print("x = ", x, ", y = ", y) #输出结果是 x = {(4, 5), 1, 2, 3}, y = {1, 2, 3}
y.remove(2)                   #删除集合 y 中元素值为 2 的元素
print("x = ", x, ", y = ", y) #输出结果是 x = {(4, 5), 1, 2, 3}, y = {1, 3}
```

可见，通过深拷贝的两个集合相互没有影响，存储在不同的内存单元。

例 5.3　有如下两个集合：

$$x1 = \{2, 6, 7, 9, 1, 8, 5\}$$
$$x2 = \{2, 3, 8, 6, 9\}$$

试编写一段程序满足如下 3 个要求：

（1）请输出 x1 和 x2 共同有的数的集合；

（2）请输出 x1 中有，x2 中没有的数的集合；

（3）请输出 x1 和 x2 都有的数的集合。

详细程序实现代码如下：

```
x1 = {2, 6, 7, 9, 1, 8, 5}
x2 = {2, 3, 8, 6, 9}
print("输出原有集合:")
print(x1)
print(x2)
print("输出问题答案:")
print(x1 & x2)        # 既在 x1 中，又在 x2 中的数
print(x1 - x2)        # 在 x1 中，不在 x2 中的数
print(x1 | x2)        # x1 和 x2 都有的数
```

程序运行结果如图 5.5 所示。

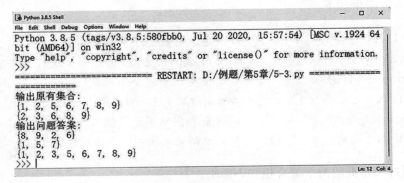

图 5.5　程序运行结果

5.3.2　字典(dictionary)

字典是无序可变的数据结构，是由若干"键:值"(key:value)对构成的元素组成，关键字是 dict，如表 5.11 所示。

表 5.11　字典常量

序号	字典常量举例	说　明
1	{}	空字典
2	{48:'0', 49:'1', 50:'2', 51:'3'}	键是数字的字典
3	{'name':'小明', 'age':18, '性别':'男'}	键是字符串的字典
4	{'name':'小明', 50:'2'}	键是混合类型的字典
5	{'school':['青岛科技大学','青岛市'], 'college':'信息学院'}	值包含子对象的字典

对于字典的应用，有如下几点说明：

(1) 字典的间隔符是一对大括号"{}"，键值对之间用冒号":"间隔，元素之间用半角逗

号","分隔；

（2）字典的键是唯一的，值则可以是任何类型的对象。

1. 创建和访问字典

（1）创建字典。创建字典的方法有赋值法、dict 函数法和字典解析式法。

① 赋值法。赋值法是通过赋值运算符"="直接将一个字典常量赋值给变量来创建字典对象。语法格式如下：

$$变量 = 字典常量$$

详细举例如下：

a_dict = {}	#创建字典对象 a_dict,字典为空字典{}
a_dict = {48:'0', 49:'1', 50:'2', 51:'3'}	#创建字典对象 a_dict,字典为{48:'0', 49:'1', 50:'2', 51:'3'}
a_dict = {'name':'小明','age':18,'性别':'男'}	#创建字典对象 a_dict,字典为{'name':'小明','age':18,'性别':'男'}
a_dict = {'name':'小明', 50:'2'}	#创建字典对象 a_dict,字典为{'name':'小明', 50:'2'}
a_dict = {'school':['青岛科技大学','青岛市'],'college':'信息学院'}	#创建字典对象 a_dict,字典为{'school':['青岛科技大学','青岛市'],'college':'信息学院'}

② dict 函数法

dict 函数法是使用 Python 内置函数 dict()创建字典对象。语法格式如下：

$$变量 = dict(参数)$$

详细举例如下：

a_dict = dict()	#创建字典对象 a_dict,字典为空字典{}
a_dict = dict(name ='小明', age = 18, 性别 ='男')	#创建字典对象 a_dict,字典为{'name':'小明','age':18,'性别':'男'}
x = ['name','age','性别'] y = ['小明', 18,'男'] a_dict = dict(zip(x, y))	#使用两个列表创建字典对象 a_dict,字典为{'name':'小明','age':'18','性别':'男'}

此举例中的知识要点为内置函数 zip()的应用。

内置函数 zip()用于将多个可迭代对象（如列表、元组）打包在一起，生成一个迭代器，该迭代器产生元组，每个元组包含了来自所有输入可迭代对象的对应元素。例如：

```
list1 = [1, 2, 3]
list2 = ['a', 'b', 'c']
zipped = zip(list1, list2)
print(list(zipped))
```

输出结果为

$$[(1,'a'),(2,'b'),(3,'c')]$$

③ 字典解析式法。字典解析式是 Python 提供的一种简洁而强大的方法,用于生成字典。字典解析式的语法格式如下:

{表达式 1:表达式 2 for 取值变量 in 序列 [if 条件判断表达式]}

字典解析式作用为依次从序列中选取符合条件判断表达式要求的元素值给取值变量,并运算表达式 1 和表达式 2 分别求得结果,每次执行后键值对的结果作为所生成字典的元素值。其中“[if 条件判断表达式]”为可选项,最外层“{}”为字典间隔符;此外字典解析式是使用简洁的方式通过简单循环结构实现生成一个字典的方法。

详细举例如下:

```
a_dict = {x + x:x * x for x in range(1, 5)}          # 创建字典对象 a_dict,结果为
                                                        {2:1, 4:4, 6:9, 8:16}
a_dict = {x + x:x * x for x in range(1, 5)            # 创建字典对象 a_dict,结果为
if x%2 == 0}                                            {4:4, 8:16}
```

(2) 访问字典。Python 字典是由“键:值”对的构成的元素,键是唯一的,每个元素都表示映射关系或对应关系,因此可根据“键”访问字典中该键对应的元素“值”。详细举例如下:

```
a_dict = {'name':'小明', 'age':18, '性别':'男'}
a_dict['name']          # 访问字典 a_dict 中键为'name'的元素,其值为'小明'
a_dict['age']           # 访问字典 a_dict 中键为'age'的元素,其值为 18
a_dict['性别']          # 访问字典 a_dict 中键为'性别'的元素,其值为'男'
a_dict['地址']          # 字典 a_dict 中无此键,将报错“KeyError:'地址'”
```

2. 字典运算符

字典运算符主要是成员测试运算符,是检查元素中的键是否在字典中,其中运算符“in”如果字典中有该元素的键则返回 True,否则返回 False,而运算符“not in”与之相反。详细举例如下:

```
a_dict = {'name':'小明', 'age':18, '性别':'男'}
'name' in a_dict          #'name'是字典 a_dict 中的键,表达式返回值 True
'小明' in a_dict          #'小明'不是字典 a_dict 中的键,表达式返回值 False
'name' not in a_dict      #'name'是字典 a_dict 中的键,表达式返回值 False
'小明' not in a_dict      #'小明'不是字典 a_dict 中的键,表达式返回值 True
```

3. 字典命令

del 命令主要用于删除字典元素或字典对象。详细举例如下:

```
a_dict = {'name':'小明','age':18,'性别':'男'}    #删除字典 a_dict 中键为'性
                                                别'的元素,字典 a_dict 的
                                                结果是{'name':'小明',
                                                'age':18}

del a_dict['性别']
del a_dict        #删除字典 a_dict,字典 a_dict 删除后不可以在程序中使用
```

4. 字典方法

字典对象常用的方法见表 5.12 所示(表中例子设定字典对象为 x)。

表 5.12　字典对象常用方法

序号	字典方法	注　释
1	x. keys()	返回一个视图对象,显示字典 x 中的所有键
2	x. values()	返回一个视图对象,显示字典 x 中的所有值
3	x. items()	返回一个视图对象,显示字典 x 中的所有键值对
4	x. update(y)	用字典 y 中的键值对更新字典 x
5	x. setdefault(key, default = None)	返回字典 x 指定"键"对应的值,键存在,返回其值;键不存在,将键添加到字典 x 中,并赋 default 的值,default 默认值为 None
6	x. get(key, default = None)	返回字典 x 中指定键的值,若键不存在,则返回 default 的值
7	x. copy()	返回字典 x 的浅拷贝对象
8	x. pop(key, default = None)	删除字典 x 中指定键的键值对并返回其值,若键不存在,则返回 default 的值
9	x. popitem()	删除并返回字典 x 中最后一对键值对
10	x. clear()	清空字典 x 中所有元素,保留字典 x,此时字典 x 为空字典

(1) 显示字典键值对内容的方法

显示字典键值对内容的方法有 keys()、values() 和 items()。例如:

```
x = {'name':'小明','age':18,'性别':'男'}    #创建字典对象 x,字典为{'
                                            name':'小明','age':18,'性
                                            别':'男'}

x. keys()    #显示字典 x 中的所有键,结果是 dict_keys(['name','age','性别'])
x. values()    #显示字典 x 中的所有值,结果是 dict_values(['小明',18,'男'])
x. items()    #显示字典 x 中所有键值对,结果是 dict_items([('name','小明'),
              ('age',18),('性别','男')])
```

（2）查询更新字典元素方法

查询字典元素方法有 update()、setdefault()和 get()。例如：

```
x = {'name':'小明','age':18,'性别':'男'}
y = {'school':'青岛科技大学','tel':'13*********'}
x.update(y)      #用字典 y 中的键值对更新字典 x,结果是{'name':'小明','
                   age':18,'性别':'男','school':'青岛科技大学','tel':'13
                   *********'}
z = x.setdefault('name')            #字典 x 指定键'name'对应的值是'小明'
z = x.get('age')                    #字典 x 指定键'age'对应的值是18
```

（3）删除字典元素方法。删除字典元素方法有 pop()、popitem()和 clear()。例如：

```
x = {'name':'小明','age':18,'性别':'男'}
x.pop('性别')        #删除字典 x 中指定键'性别'的键值对,返回值'男'
x.popitem()         #删除并返回字典 x 中最后一对键值对('age',18)
x.clear()           #清空字典 x 中所有元素,此时字典 x 为空字典
```

（4）字典拷贝方法。字典拷贝方式可以分为赋值拷贝、浅拷贝和深拷贝三种情况。

① 赋值拷贝。赋值操作的两个字典具有相同的引用,两个字典之间将产生相互影响。例如：

```
x = {'name':'小明','age':18,'性别':'男'}    #创建字典 x
y = x                                    #字典 x 赋值拷贝给字典 y
print(id(x), id(y))                      #内置函数 id()的作用是返回指定对
                                           象的存储地址字典 x 和字典 y 存储
                                           地址相同,结果为
                                           2513503272512 2513503272512
y['tel'] = '13*********'                 #字典 y 追加元素值'tel':'13*********'
print("x = ", x, ", y = ", y)            #输出结果是 x = {'name':'小明','
                                           age':18,'性别':'男','tel':'13*
                                           ********'}, y = {'name':'
                                           小明','age':18,'性别':'男','tel':
                                           '13*********'}
```

可见,通过赋值拷贝的两个对象相互影响,存储在共同的内存单元。

② 浅拷贝。字典创建浅拷贝的主要方式有 copy()方法、copy 标准函数库 copy()函数和构造函数等。例如：

```
x = {'name':['小明','小华'],'age':18,'性别':'男'}
#创建具有嵌套可变子对象的字典 x
```

```
y = x.copy()              #使用 copy()方法,将字典 x 浅拷贝给字典 y
y['name'].append('小刚')   #字典 y 嵌套子列表中追加元素值'小刚'
print("x = ", x, ", y = ", y)   #输出结果是 x = {'name':['小明','小华','小
                                刚'],'age':18,'性别':'男'}, y = {'name':['
                                小明','小华','小刚'],'age':18,'性别':'男'}

y['age'] = 20             #修改字典 y 中键'age'的元素值为 20
print("x = ", x, ", y = ", y)   #输出结果是 x = {'name':['小明','小华','小
                                刚'],'age':18,'性别':'男'}, y = {'name':
                                ['小明','小华','小刚'],'age':20,'性别':'
                                男'}
```

可见,通过浅拷贝的两个字典中只有可变子对象相互影响,具有共同的引用。

③ 深拷贝。字典创建深拷贝的主要方式是 copy 标准函数库 deepcopy()函数。例如:

```
import copy                #导入 copy 标准库
x = {'name':['小明','小华',    #创建具有嵌套可变子对象的字典 x
'age':18,'性别':'男'}
y = copy.deepcopy(x)        #使用 deepcopy()函数完成深拷贝
y['name'].append('小刚')     #字典 y 嵌套子列表中追加元素值'小刚'
print("x = ", x, ", y = ", y)   #输出结果是 x = {'name':['小明','小华','
                                age':18,'性别':'男'}, y =
                                {'name':['小明','小华','小刚'],'age':
                                18,'性别':'男'}

y['age'] = 20             #修改字典 y 中键'age'的元素值为 20
print("x = ", x, ", y = ", y)   #输出结果是 x = {'name':['小明','小华','
                                age':18,'性别':'男'}, y =
                                {'name':['小明','小华','小刚'],'age':
                                20,'性别':'男'}
```

可见,通过深拷贝的两个对象中相互没有影响,存储在不同的内存单元。

例 5.4　创建全国省市(自治区)和其简称的字典,实现省市和其简称互查的功能(表 5.13)。

表 5.13　省市(自治区)简称表

省市(自治区)	北京	天津	河北	山西	内蒙古	辽宁	吉林	黑龙江	上海	江苏
简称	京	津	冀	晋	蒙	辽	吉	黑	沪	苏
省市(自治区)	浙江	安徽	福建	江西	山东	河南	湖北	湖南	广东	广西
简称	浙	皖	闽	赣	鲁	豫	鄂	湘	粤	桂

续表

省市(自治区)	海南	重庆	四川	贵州	云南	西藏	陕西	甘肃	青海	宁夏
简称	琼	渝	川,蜀	黔,贵	滇,云	藏	陕,秦	甘,陇	青	宁

省市(自治区)	新疆	台湾	香港		澳门					
简称	新	台	港		澳					

详细程序代码如下：

```
x={'京':'北京','津':'天津','冀':'河北','晋':'山西','蒙':'内蒙古','辽':'辽宁',
'吉':'吉林','黑':'黑龙江','沪':'上海','苏':'江苏','浙':'浙江','皖':'安徽','闽':
'福建','赣':'江西','鲁':'山东','豫':'河南','鄂':'湖北','湘':'湖南','粤':'广东',
'桂':'广西','琼':'海南','渝':'重庆','川':'四川','蜀':'四川','黔':'贵州','贵':'贵
州','滇':'云南','云':'云南','藏':'西藏','陕':'陕西','秦':'陕西','甘':'甘肃',
'陇':'甘肃','青':'青海','宁':'宁夏','新':'新疆','台':'台湾','港':'香港','澳':'澳
门'}
    province = input("请输入要查找的省市或其简称:")
    if len(province) == 1:
        print(x.get(province))
    else:
        a = []
        b = []
        abbr = []
        for key, value in x.items():
            a.append(key)
            b.append(value)
        t = [i for i, b in enumerate(b) if b == province]
        for i in t:
            abbr.append(a[i])
    print(abbr)
```

程序运行结果如图 5.6 所示。

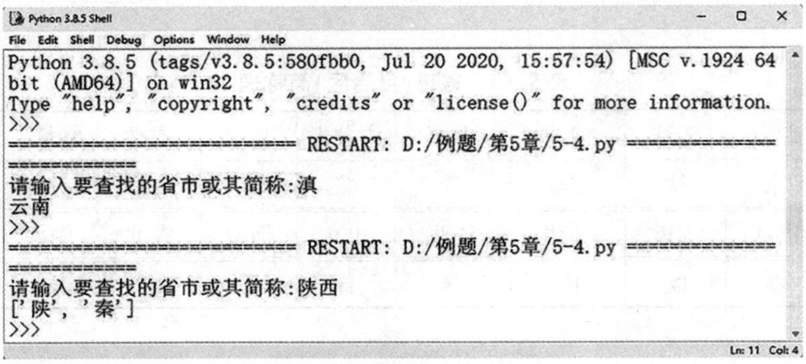

图 5.6　程序运行结果

5.4　序列常用函数

函数是将一段可以完成某一功能或操作的代码进行封装的机制,封装后可以实现重复调用以及执行相同的操作。常用的函数主要有类型转换函数、数学函数和序列操作函数等。

5.4.1　类型转换函数

类型转换函数可以将序列转换为相应的数据类型。x 为待转换的序列,类型转换函数如下:

(1) list(x):将序列 x 转换为列表。

(2) tuple(x):将序列 x 转换为元组。

(3) set(x):将序列 x 转换为集合。

(4) dict(x):将序列 x 转换为字典(序列 x 应为键值对的迭代器)。

详细举例如下:

```
x = "a1b2c3"             #创建字符串对象 x
z1 = list(x)             #转换为列表,结果是['a','1','b','2','c','3']
z2 = tuple(x)            #转换为元组,结果是('a','1','b','2','c','3')
z3 = set(x)              #转换为集合,结果是{'2','1','3','c','b','a'}
z4 = dict(zip(z1[::2], z1[1::2]))   #使用 zip()函数,对列表 z1 使用切片
                                     操作,转换为字典,结果是{'a':'1',
                                     'b':'2','c':'3'}
```

5.4.2　数学函数

常用于处理序列的数学函数主要包括:

(1) max(序列):返回序列中的最大值。

(2) min(序列):返回序列中的最小值。

(3) sum(序列, start = 0):返回序列中所有元素的总和,start 作为起始值为可选赋值。

详细举例如下:

```
x = {2, 1, 4, 6, 0, 9, 8}
max(x)        #结果是 9
min(x)        #结果是 0
sum(x)        #结果是 30
```

5.4.3　序列操作函数

常用序列操作函数主要包括：

（1）len（序列）：返回序列的长度值。

（2）sorted（序列, key = None, reverse = False）：返回排序后序列的新列表，key 是可选的排序关键字，reverse 是可选的排序选择，默认为升序。

（3）reversed（序列）：返回反向迭代器对象。

详细举例如下：

```
x = "a1b2c3"
len(x)              #结果是 6
sorted(x)           #结果是['1','2','3','a','b','c']
list(reversed(x))
#结果是['3','c','2','b','1','a']，反向迭代器对象无法直接显示，结果转
换为列表对象
```

5.5　序列封包和序列解包

序列封包和序列解包是 Python 开发应用过程中常用的重要功能，其主要作用为用简洁的形式完成数值的传递，减少代码的输入量。

序列封包（Sequence Packing）指在把多个值赋给一个对象时，Python 会自动把多个值封装成元组，此过程称为序列封包，举例如下：

```
a = 1, 2, 3, 4      #相同类型的多值赋给一个对象,序列封包结果是(1, 2, 3, 4)
a = 1, "a", [2, 3]  #不同类型的多值赋给一个对象,序列封包结果是(1,'a',[2,3])
```

序列解包（Sequence Unpacking）指在把一个序列（列表、元组、字符串等）赋给多个变量时，把序列中的各个元素依次赋值给每个变量，且序列中元素的个数和变量个数相同，此过程称为序列解包。

（1）一个对象常量赋值给多个变量，对象常量元素数量等于变量个数。详细举例如下：

```
a, b = [10, 11]
print("a = ", a, ", b = ", b)                #结果是 a = 10, b = 11
```

（2）一个对象常量赋值给多个变量，对象常量元素数量大于变量个数。详细举例如下：

```
a, * b = [1, 2, 3]
print("a = ", a, ", b = ", b)                #结果是 a = 1 , b = [2, 3]
```

在程序设计过程中,在解包时出现对象常量元素数量大于变量个数,需要在最后一个变量之前添加"＊",该变量将以列表形式接收剩余元素。

例 5.5　输入两个数给变量 a 和 b,交换值后输出。

详细程序实现如下:

```
a = int(input("输入 a 值:"))
b = int(input("输入 b 值:"))
print("交换前:a = ", a, "b = ", b)
a, b = b, a        # 可理解为先将 b,a 的原始值封包成元组(b, a),后序列解包分
                     别赋给 a, b
print("交换后:a = ", a, "b = ", b)
```

程序运行结果如图 5.7 所示。

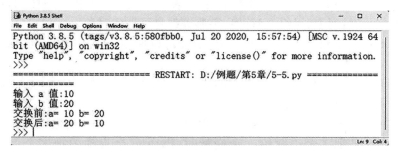

图 5.7　程序运行结果

本章小结

掌握 Python 的序列对象包括列表、元组、集合、字典等的概念和基本操作。相关重点总结如下:

(1) 序列分为可变序列和不可变序列,也可分为有序序列和无序序列。

(2) 创建和访问列表、列表运算符、列表命令和列表方法。

(3) 创建和访问元组、元组运算符、元组命令和元组方法。

(4) 创建集合、集合运算符、集合命令和集合方法。

(5) 创建和访问字典、字典运算符、字典命令和字典方法。

(6) 序列常用函数。

(7) 序列封包和序列解包的用法。

 本章习题

填空题

(1) Python 中序列可以划分为可变序列和_____。

(2) 元组是 Python 序列对象的其中一种,其关键字是_____。

(3) 元组是_____序列,因此可以作为字典中键(key),也可以作为集合的元素。

（4）三单引号作为字符串界定符时，可以使用＿＿＿＿引号作为字符串的一部分。

（5）迭代是通过＿＿＿＿结构实现的，用于对数据集合中的每一个元素进行逐个处理。

（6）Python 中＿＿＿＿是无序可变序列对象，形式上是由若干"键：值"（key：value）对组成的元素组成。

（7）集合元素之间用逗号分隔，同一个集合内的每一个元素都是＿＿＿＿的，元素之间不允许重复。

（8）字典中多个元素之间使用＿＿＿＿分隔开，每个元素的"键"与"值"之间使用＿＿＿＿分隔开。

判断题

（1）列表中的元素类型可以是不同的。（　　　）

（2）三单引号作为字符串界定符时，可以使用单引号或者双引号作为字符串的一部分，但是不可以换行。（　　　）

（3）可迭代对象（Iterable）是一种数据类型，表示一组元素的集合或序列，可以使用 for 循环遍历出所有元素，列表、元组、字符串、字典等都是可迭代对象。（　　　）

（4）Python 中的字符串有三种字符串界定符可以使用，分别是单引号、双引号、三单引号。（　　　）

（5）Python 字典是有序可变序列对象，形式上是由若干"键：值"（key：value）对组成的元素组成，是一种映射对应关系。（　　　）

（6）集合中的元素可以包含：数字、字符串、列表等不可变类型的数据。（　　　）

（7）序列解包是把多个值赋给一个变量时，Python 会自动的把多个值封装成元组。（　　　）

简答题

（1）简述序列的分类情况。

（2）简述列表与元组的区别。

第6章　函数的应用

学习目标

(1) 熟悉函数基础知识。

(2) 了解扩展库的安装和命令。

(3) 掌握标准库和扩展库的导入格式。

(4) 掌握常用内置函数的使用,熟悉常用标准库函数,了解常用扩展库函数。

(5) 掌握自定义函数方法,熟悉函数参数传递方法和返回值形式。

(6) 了解匿名函数的使用方法。

(7) 熟悉变量的作用域与存储要求。

知识准备

引　例

求 1! ＋3! ＋5! 的值。

【分析】　这是求三个数的阶乘和的算式,该题使用两种程序设计方法,程序基本控制结构方法和自定义函数方法完成。

详细基本控制结构程序实现代码如下:

```
sum = 0
f = 1
for i in range(1, 2):          #第 1 次循环求 1!
    f = f * i
sum = sum + f
f = 1
for i in range(1, 4):          #第 2 次循环求 3!
    f = f * i
sum = sum + f
f = 1
for i in range(1, 6):          #第 3 次循环求 5!
    f = f * i
```

```
sum = sum + f
print("1! + 3! + 5! = ", sum)
```

详细自定义函数方法实现代码如下：

```
def jiecheng(n)：              ＃自定义函数 jiecheng 求阶乘值
    f = 1
    for i in range(1, n + 1)：  ＃求阶乘值
        f = f * i
    return f
sum = 0
for i in range(1, 6, 2)：
    sum = sum + jiecheng(i)
print("1! + 3! + 5! = ", sum)
```

程序运行结果如图 6.1 所示。

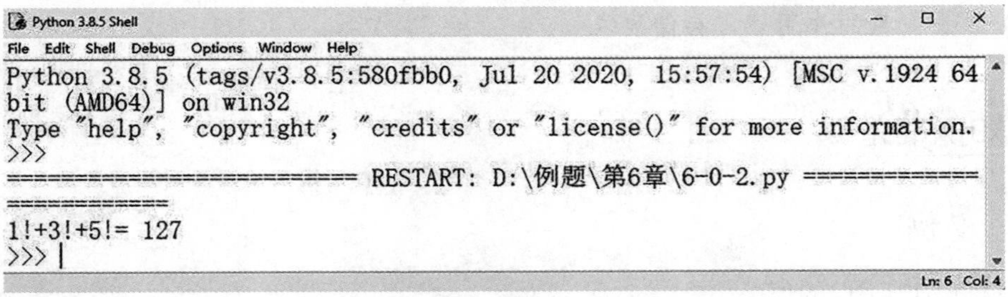

图 6.1　程序运行结果

　　程序基本控制结构和自定义函数方法都可以解决阶乘求和问题，并且当前情况下两种方法代码量相当，但是可以看出程序基本控制结构中有三段程序是重复的，很明显不是最优的。如果求阶乘的数值增加，则代码的长度也会大幅度增加，自定义函数方法实现了代码复用和程序的灵活调用，阶乘的数值增加不会增加代码量，是处理此类问题的较优选择。

6.1　函数基础知识

6.1.1　函数简介

　　Python 是函数式编程方式。函数是 Python 中用来组织和重复使用的代码块。函数的应用可以减少代码重复性，提高代码的便捷性和清晰度，增强代码的可扩展性。Python 函数包括内置函数、标准库函数、扩展库函数和自定义函数。

6.1.2　函数库的安装与导入

Python 函数中标准库函数和扩展库函数不能直接使用，标准库需要先导入内存再使用，扩展库需要先正确安装再导入内存才能正常使用。

1. 安装扩展库

Python 扩展库安装方式取决于使用的操作系统和具体的需求，现以最常见的 pip 安装方法为例。

（1）安装文件夹。扩展库的安装需要在命令提示符下找到指定的文件夹，该文件夹路径是 C:\...\Programs\Python\Python36\Scripts。找到该文件夹后，按 ALT + 鼠标右键，在弹出菜单中单击"在此处打开 powershell 窗口"（不同版本 Windows 提示可能有区别），此时进入命令提示符状态，如图 6.2 所示。

图 6.2　安装文件夹的命令提示符状态

（2）查看已安装的扩展库。使用 pip list 命令可以查看已安装扩展库（模块）列表，如图 6.3 所示。

图 6.3　查看已安装扩展库

（3）pip 命令使用方法。pip 命令是一个功能强大的 Python 包和库的管理工具，提供了下载、安装、查找、升级、卸载的功能。pip 不仅能将安装扩展库需要的包下载下来，还会把相关联的包也下载下来，常用 pip 命令的使用方法见表 6.1 所示。

表 6.1　常用 pip 命令

序号	pip 命令示例	说　　明
1	pip download SomePackage[== version]	下载扩展库的指定版本,不安装
2	pip freeze [> requirements. txt]	以 requirements 的格式列出已安装模块
3	pip list	列出当前已安装的所有模块
4	pip install SomePackage[== version]	在线安装 SomePackage 模块的指定版本
5	pip install SomePackage. whl	通过 whl 文件离线安装扩展库
6	pip install package1 package2 ...	依次(在线)安装 package1、package2 等扩展模块
7	pip install −r requirements. txt	安装 requirements. txt 文件中指定的扩展库
8	pip install −−upgrade SomePackage	升级 SomePackage 模块
9	pip uninstall SomePackage[== version]	卸载 SomePackage 模块的指定版本

　　例如安装 pygame,在命令行窗口输入 pip install pygame(图 6.4 所示),点击回车后即可进行安装。

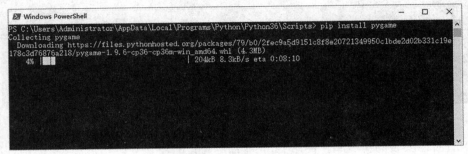

图 6.4　pip 安装 pygame 模块

2. 导入标准库和扩展库函数

Python 启动时仅加载了基本模块,标准库和已安装扩展库需要先导入再使用,导入命令是 import,导入方式有 3 种,具体如下:

(1) import 直接导入。

命令格式:

import　模块名　[as 别名]

功能:直接导入库模块,并可设置模块别名,使用时需要在使用对象前加上模块名或者别名,即"模块名. 对象名"或"别名. 对象名"。

(2) from import 导入。

命令格式:

from　模块名　import　对象名　[as 别名]

功能:导入时指定模块中的具体对象,可设置模块别名,使用时可以直接调用对象,但只能使用库中指定导入对象。这种导入方式可以减少对象调用时查询时间,提高访问速度。

(3) from import ∗ 导入。

命令格式:

from　模块名　import　∗

　　功能：可以一次性导入模块中的所有对象（__ all __ 变量指定的），使用时直接调用库中对象即可。

6.1.3　函数的分类

1. 内置函数

　　内置函数是指在 Python 解释器中预先定义好的函数，这些函数包含在 Python 的内置命名空间中，可以直接使用。内置函数提供了很多常用的功能，例如数据类型的转换、数学运算、迭代对象的操作等，这使得编程变得更加简洁和高效。表 6.2 是 Python 常用内置函数。

表 6.2　Python 常用内置函数

序号	内 置 函 数	功　能　说　明
1	abs(a)	返回数字 a 的绝对值或复数 a 的模
2	pow(x, y, z = none)	返回 x 的 y 次方后 z 求余数，等于 x ** y%z
3	round(x [, 小数位数])	对 x 四舍五入求值，不指定小数位数，则取整
4	int(a [, base])	返回实数、高精度数或分数的整数部分。参数 a 是字符串或数字；参数 base 是进制数，默认十进制
5	float(a)	把字符串或者整数转换为浮点数并返回
6	Complex(实部[, 虚部])	返回复数
7	str(对象)	把对象转换为字符串
8	bool(x)	x 与 True 等价则返回 True，否则返回 False
9	ascii(对象)	对象转换为 ASCII 码表示形式
10	ord(a)	返回字符 a 的 Unicode 编码
11	chr(a)	返回以 a 值为 Unicode 编码对应的字符
12	bytes(a)	把对象 a 转换为字节串表示形式
13	type(obj)	返回对象的类型
14	bin(a)	把整数 a 转换为二进制字符串
15	hex(a)	把整数 a 转换为十六进制字符串
16	oct(a)	把整数 a 转换为八进制字符串
17	input("提示信息")	用户根据提示信息，键入内容，函数返回键入的内容字符串

序号	内 置 函 数	功 能 说 明
18	print(objects, sep ='' , end ='\n', file = sys. stdout, flush = False))	用于打印输出。参数：objects——复数，表示可以一次输出多个对象。输出多个对象时，需要用逗号分隔；sep——用来间隔多个对象，默认值是一个空格；end——用来设定结尾形式。默认值是换行符 \n，也可以设置成其他字符串；file——要写入的文件对象；flush——输出是否被缓存通常决定于 file，如果 flush 关键字参数为 True，会被强制刷新。返回值：无
19	eval(expression [, globals[, locals]])	返回表达式计算结果。参数：expression——表达式；globals——变量作用域，全局命名空间，如果使用则必须是一个字典对象；locals——变量作用域，局部命名空间，如果使用可以是任何映射对象
20	range([start], end [, step])	返回按照步长和左闭右开区间共同确定的 range 迭代器对象
21	len(对象)	返回对象中包含元素的个数。对象包括：字符串、元组、列表、集合、字典以及 range 对象，不适用于具有惰性求值的生成器对象和 map()、zip()等迭代器对象
22	max(对象 1, …, 对象 n)	返回多个值或者包含有限个元素的可迭代对象中所有元素的最大值
23	min(对象 1, …, 对象 n)	返回多个值或者包含有限个元素的可迭代对象中所有元素的最小值
24	sum(x, start = 0)	返回序列 x 中元素之和，start 为起始值
25	list(x)	将 x 转换为列表对象，x 为任何可选代对象
26	set(x)	将 x 转换为集合对象，x 为任何可迭代对象
27	frozenset(x)	将 x 转换为不可变的集合对象，x 为任何可选代对象
28	tuple(x)	将 x 转换为元组对象，x 为任何可选代对象
29	dict(x)	将 x 转换为字典对象，x 为任何可选代对象
30	sorted(iterable, key = None, reverse = False)	返回排序后的列表，iterable 为要排序的序列或迭代对象，key 用于指定排序规则或关键字，reverse 指定升序或降序
31	reversed(对象)	返回对象中所有元素逆序后的迭代器对象
32	help(obj)	返回对象 obj 的帮助信息
33	dir([对象])	返回对象或模块的成员列表，dir()无参数返回当前作用域的所有标识符
34	id(obj)	返回对象 obj 的内存地址
35	exit(a)	退出当前解释器环境
36	quit()	退出当前解释器环境

序号	内 置 函 数	功 能 说 明
37	map(function, iterable1,…, iterablen)	其中参数 function 为函数,iterable 为一个或多个序列。Python 2.x 返回值列表,Python 3.x 返回值为迭代器
38	zip([iterable,…])	zip() 函数用于将可迭代的对象作为参数,将对象中对应的元素打包成一个个元组,然后返回由这些元组组成的列表。如果各个迭代器的元素个数不一致,则返回列表长度与最短的对象相同
39	filter(function, 对象)	filter() 用于过滤序列,过滤掉不符合条件的元素,返回由符合条件(为 True)元素组成的新的迭代器对象
40	isinstance(object, classinfo)	其中参数 object——实例对象;classinfo——可以是直接或间接类名、基本类型或者由它们组成的元组。该函数的返回值是,如果对象的类型与参数二的类型(classinfo)相同则返回 True,否则返回 False
41	Callable(对象)	测试对象是否可以调用。类、函数以及包含 __ call __()方法类的对象是可以调用的
42	globals()	返回包含当前作用域内全局变量及其值的字典
43	locals()	返回包含当前作用域内局部变量及其值的字典
44	all(可迭代对象)	可迭代对象中所有元素等价于 True 则返回 True,否则返回 False;空可迭代对象则返回 True
45	any(可迭代对象)	可迭代对象中至少有一个元素等价于 True 则返回 True,所有元素均不等价于 True 以及空可迭代对象返回值均为 False
46	hash(x)	返回对象 x 的哈希值,如果 x 不可哈希则抛出异常提示
47	exec(a)	exec() 函数执行指定的 Python 代码;exec() 函数接受一个字符串形式的代码块,而 eval() 函数仅接受单个表达式
48	next(iterator[, default])	返回迭代器对象的下一个元素,允许指定迭代迭代结束之后继续迭代时返回的默认值
49	open(file[, mode])	以指定模式打开文件,并返回文件对象

例 6.1　使用内置函数计算 $1+2+3+\cdots+100$ 的和。

详细程序实现代码如下:

```
print("1+2+3...+100 = ", sum(range(101)))        #sum 函数是求和函数
```

程序运行结果如图 6.5 所示。

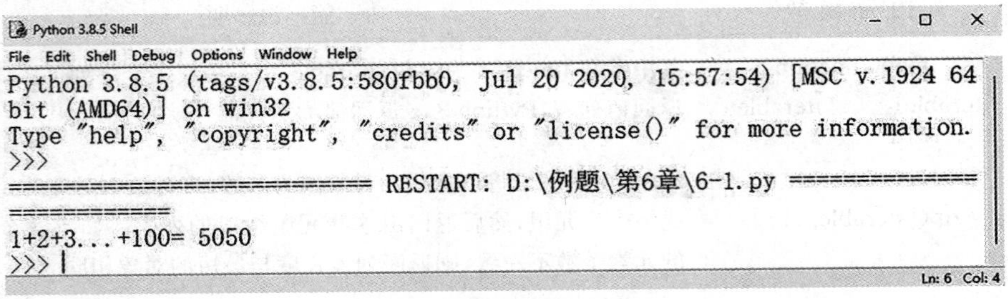

```
Python 3.8.5 Shell                                          —  □  ×
File Edit Shell Debug Options Window Help
Python 3.8.5 (tags/v3.8.5:580fbb0, Jul 20 2020, 15:57:54) [MSC v.1924 64
bit (AMD64)] on win32
Type "help", "copyright", "credits" or "license()" for more information.
>>>
================== RESTART: D:\例题\第6章\6-1.py ==============
============
1+2+3...+100= 5050
>>>
                                                          Ln: 6  Col: 4
```

图 6.5　程序运行结果

例 6.1 与第 4 章的引例是同一个题目,第 4 章引例程序实现如下:

```
sum = 0
i = 1
while i < = 100:
    sum = sum + i
    i = i + 1
print("1 + 2 + 3… + 100 = ", sum)
```

通过对同一道题目两种不同程序实现进行比较可知,正确使用内置函数可以让编程变得更加简洁和高效。

2. 标准库函数

Python 标准库是 Python 编程语言的一部分,包含了丰富的模块和库,涵盖了从基本的数据结构到高级的功能和工具的各个领域,可以用于处理各种任务和问题,例如数学运算、日期时间处理、文本处理、文件 I/O、数据处理、网络通信、图形界面开发等等。

Python 标准库是随着解释器一起安装的,使用前只需要使用 import 命令导入相应模块即可,常用的标准库有 math 库、random 库、os 库、datetime 库等,具体如表 6.3 所示。

表 6.3　Python 常用标准库

序号	名　称	作　　　用
1	math	提供了大量数学函数,包括数值计算、数学运算和数学常数等
2	datetime	提供了处理日期和时间的类和函数
3	random	提供了生成随机数函数,涵盖了各种常见的随机数生成需求
4	glob	提供了用于查找文件和目录路径名匹配模式的函数
5	os	提供了与操作系统相关联的函数,包括执行文件和目录操作、进程管理、环境变量操作等
6	zlib	提供了数据压缩和解压缩的模块
7	sys	提供了与 Python 解释器和它的环境相关的函数和变量

例 6.2　设计程序计算一个人从出生到现在经历了多少天？

详细程序实现代码如下：

```
from datetime import date        ♯导入日期库
now = date.today()               ♯取当前日期
print("当前日期为：", now)        ♯输出当前日期
birthday = date(2020, 9, 1)      ♯赋值出生日期
print("出生日期：", birthday)     ♯输出出生日期
day = now − birthday             ♯天数＝当前日期−生日日期
print("天数：", day)              ♯输出天数
```

程序运行结果如图 6.6 所示。

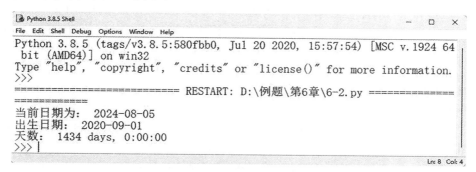

图 6.6　程序运行结果

3. 扩展库函数

扩展库是由 Python 社区中的开发者、组织或公司开发和维护的。这些库通常是开源的，涵盖了从数据分析、深度学习、大规模数据处理到可视化等多个领域，为 Python 使用者提供了丰富的工具和功能，常用扩展库如表 6.4 所示。

表 6.4　Python 常用扩展库

序号	扩展库	说　　　明
1	NumPy	科学计算和数学基础包，包括统计学、线性代数、矩阵数学、金融操作等等
2	matplotlib	Python 可视化库，许多函数库都是建立在其基础上或者直接调用该库
3	pygame	一个高可移植性的游戏开发模块
4	pyspider	一个强大的爬虫系统
5	grab	网络爬虫框架（基于 pycurl/multicur）
6	scrapy	网络爬虫框架（基于 twisted）
7	jieba	中文分词工具
8	OpenCV	开源计算机视觉库
9	pillow	PIL 的 fork 版本，操作图像库
10	socket	底层网络接口（stdlib）

4. 自定义函数

自定义函数是用户定义的可重复使用的代码块,主要用于实现特定的功能或操作。在程序设计过程中,将一些常用算法或操作定义为函数,可以提高软件复用的效率,提高代码的可读性和可维护性。

6.2 自定义函数

6.2.1 语法格式

Python 语言中,使用 def 关键字定义函数,自定义函数的语法格式如下:

        def 函数名([参数列表]):
           函数体语句组
           [return 对象]

其中如下几点需要说明:

(1) 函数名按照标识符规则命名。

(2) 参数列表是可选项,参数可以是零个或多个参数,多个参数之间用半角逗号间隔,无参数列表时括号不能省略。

(3) 函数定义时,括号后面的冒号":"不可少,且函数体要保持四个空格的缩进。

(4) 函数体语句组是实现函数功能的执行语句。

(5) 返回语句是可选项,用于返回函数的结果给调用者。返回语句可以是空,表示函数只执行了一个操作无返回值;可以是一条或多条,但函数调用时执行的返回语句只能是一条,并且返回语句一旦执行,函数调用就结束了。

例 6.3   定义海伦公式函数,求三角形面积。

详细程序实现代码如下:

```python
def hailun(a, b, c):
    s = (a + b + c)/2
    area = (s * (s - a) * (s - b) * (s - c)) ** 0.5
    return area
a = float(input("输入边长 1:"))
b = float(input("输入边长 2:"))
c = float(input("输入边长 3:"))
while not(a + b>c and b + c>a and c + a>b):
    print("输入的三个值不能构成三角形,请重新输入!")
    a = float(input("输入边长 1:"))
    b = float(input("输入边长 2:"))
```

```
        c = float(input("输入边长 3："))
    area = hailun(a, b, c)
    print("三角形的面积 = ", area)
```

程序运行结果如图 6.7 所示。

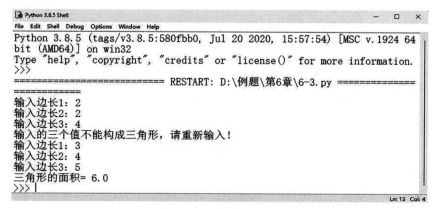

图 6.7　程序运行结果

6.2.2　函数参数

函数参数包括函数定义时形式参数（parameters）和调用时实际参数（arguments）。函数被调用时主调函数中实际参数的数值会传递给函数定义的形式参数，这个过程称为参数传递。

本节主要讨论函数参数传递，即实形参之间传递时的对应关系。参数传递方式主要包括：位置参数、形参赋值、默认参数、形参解包和形参封包。

1. 位置参数

位置参数是按照实参和形参的位置顺序进行值传递的方式，这是最常见形式。

例 6.4　编写一个求两个数最大值的函数，函数参数使用位置参数方式。

详细程序实现代码如下：

```
def max2(x, y)：
    max = x
    if x＞y：
        max = x
    else：
        max = y
    return max
a = eval(input("请输入第一个数值："))    ＃eval 函数将输入字符串转换为数值
```

```
b = eval(input("请输入第二个数值:"))
print("数值", a, ",", b, "的最大数是 = ", max2(a, b))      #位置参数传递
```

程序运行结果如图 6.8 所示。

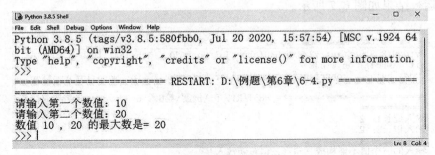

图 6.8　程序运行结果

2. 形参赋值

参数值使用形参赋值方式传递时,传递方向与实形参位置无关,是通过参数名来传递参数的。

例 6.5　编写一个求两个数最大值的函数,函数参数使用形参赋值方式。

详细程序实现代码如下:

```
def max2(x, y):
    max = x
    if x>y:
        max = x
    else:
        max = y
    return max
a = eval(input("请输入第一个数值:"))    #eval 函数将输入字符串转换为数值
b = eval(input("请输入第二个数值:"))
print("数值", a, ",", b, "的最大数是 = ", max2(y = b, x = a))   #形参赋值传递
```

程序运行结果如图 6.9 所示。

```
Python 3.8.5 Shell                                             —  □  ×
File  Edit  Shell  Debug  Options  Window  Help
Python 3.8.5 (tags/v3.8.5:580fbb0, Jul 20 2020, 15:57:54) [MSC v.1924 64
bit (AMD64)] on win32
Type "help", "copyright", "credits" or "license()" for more information.
>>>
============================ RESTART: D:\例题\第6章\6-5.py ==============
============
请输入第一个数值: 10
请输入第二个数值: 20
数值 10 , 20 的最大数是= 20
>>>
                                                              Ln: 8  Col: 4
```

图 6.9　程序运行结果

3. 默认参数

默认参数是在函数定义时给某形参设定了默认值,调用函数时如果无值传递给此形参,则使用默认值。函数定义时默认参数必须在其他参数后面,否则会引发语法错误。

例 6.6　编写一个求两个数最大值的函数,函数参数使用默认参数方式。

详细程序实现代码如下:

```
def max2(x, y = 20):
    max = x
    if x>y:
        max = x
    else:
        max = y
    return max
a = eval(input("请输入第一个数值:"))    #eval 函数将输入字符串转换为数值
print("数值", a, ", 20", "的最大数是 = ", max2(a))        #默认参数传递
```

程序运行结果如图 6.10 所示。

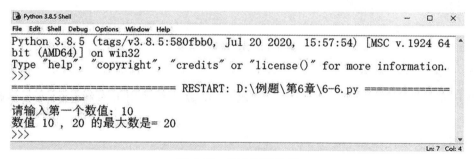

图 6.10　程序运行结果

4. 形参解包

形参解包形式中,实参传递给形参的是元组对象或字典对象,此时形参接收到序列后,进行序列解包,解包后将数值依次传递给形参的过程。实参是元组对象,实参使用单星号"＊";实参是字典对象,实参使用双星号"＊＊"。

(1)实参是元组对象。

例 6.7　编写一个求两个数最大值的函数,函数参数使用形参解包的实参元组对象方式。

详细程序实现代码如下:

```
def max2(x, y):
    max = x
    if x>y:
```

```
            max = x
        else：
            max = y
        return max
a = eval(input("请输入第一个数值：")) 　 ＃eval 函数将输入字符串转换为数值
b = eval(input("请输入第二个数值："))
tuple1 = (a, b)
print("数值", a, "，", b, "的最大数是 = ", max2(*tuple1)) 　 ＃实参元组对象方式
```

程序运行结果如图 6.11 所示。

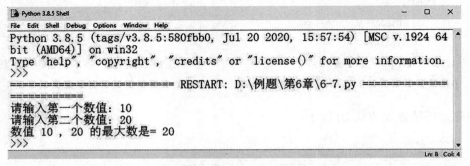

图 6.11 程序运行结果

(2) 实参是字典对象。

例 6.8　 编写一个求两个数最大值的函数，函数参数使用形参解包的实参字典对象方式。

详细程序实现代码如下：

```
    def max2(x, y)：
        max = x
        if x＞y：
            max = x
        else：
            max = y
        return max
a = eval(input("请输入第一个数值：")) 　 ＃eval 函数将输入字符串转换为数值
b = eval(input("请输入第二个数值："))
dict1 = dict()
dict1["x"] = a
dict1["y"] = b
print("数值", a, "，", b, "的最大数是 = ", max2(**dict1)) 　 ＃实参元组对象
                                                            方式
```

程序运行结果如图 6.12 所示。

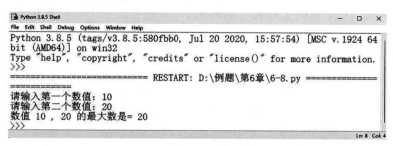

图 6.12　程序运行结果

5. 形参封包

形参封包是将形参的元组对象或字典对象,或将实参多个值封包成元组或字典,封包后传递给形参的过程。形参是元组对象,形参使用单星号"＊";形参是字典对象,形参使用双星号"＊＊"。

(1)形参是元组对象。

例 6.9　编写一个求两个数最大值的函数,函数参数使用形参封包的形参元组对象方式。

详细程序实现代码如下:

```
def max2(*tuple1):
    x, y = tuple1
    max = x
    if x>y:
        max = x
    else:
        max = y
    return max
a = eval(input("请输入第一个数值:"))     #eval 函数将输入字符串转换为
                                             数值
b = eval(input("请输入第二个数值:"))
print("数值", a, ",", b, "的最大数是 = ", max2(a, b))   #形参元组对象方式
```

程序运行结果如图 6.13 所示。

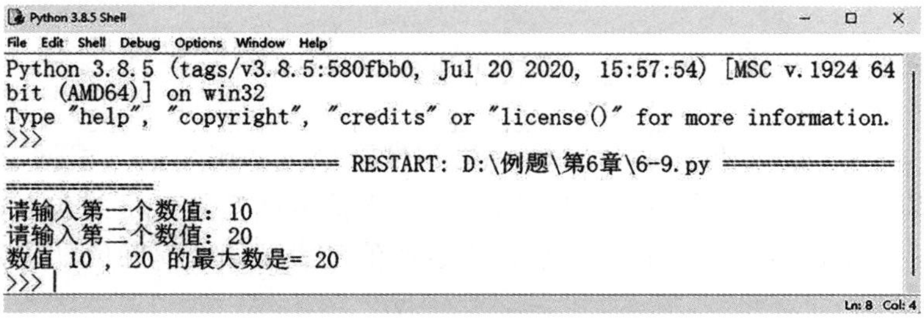

图 6.13　程序运行结果

（2）形参是字典对象。

例 6.10　　编写一个求两个数最大值的函数，函数参数使用形参封包的形参字典对象方式。

详细程序实现代码如下：

```
def max2(**dict1)：
    max = dict1["x"]
    if dict1["x"]＞dict1["y"]：
        max = dict1["x"]
    else：
        max = dict1["y"]
    return max
a = eval(input("请输入第一个数值："))        #eval 函数将输入字符串转换为
                                                数值
b = eval(input("请输入第二个数值："))
print("数值", a, "，", b, "的最大数是 = ", max2(x = a, y = b))     #形参字典对
                                                                    象方式
```

程序运行结果如图 6.14。

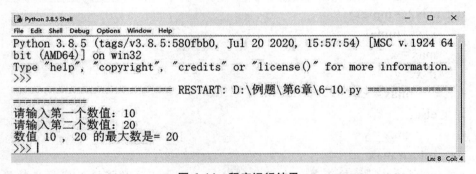

图 6.14　程序运行结果

　　函数要处理的数据，大部分都是通过函数参数传递的方式获得，Python 提供了多样性的参数传递形式，可以满足不同情况下的参数传递需要，遇到多种形式复杂的参数传递方式，必须遵循参数传递的顺序和语法规则。理解和灵活运用这些参数传递方式，可以帮助编写出更加灵活和可维护性更高的函数代码。

6.2.3　函数返回值

　　Python 中，函数的返回值是通过 return 语句带回给主调函数的。根据返回值的数量，可分为无返回值、一个返回值和多个返回值。其中，多值返回实际上是封包后返回了一个元组对象，而没有 return 语句或者 return 后面无返回值则表示函数返回值默认为 None。

1. 无返回值情况：默认返回值为 None。

例 6.11　编写一个函数：输出一行星号，星号数量由输入数值确定。

详细程序实现代码如下：

```
def xinghao(n)：
    for i in range(n)：
        print("*", end = "")
    print()
a = int(input("请输入一个整数："))
print("xinghao 函数的返回值是：", xinghao(a))
```

程序运行结果如图 6.15 所示。

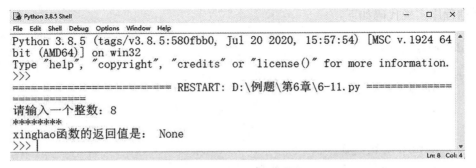

图 6.15　程序运行结果

2. 一个返回值情况

例 6.12　编写一个函数：输入一个大于 1 的正整数，输出该数的质因子列表。

详细程序实现代码如下：

```
def zys(n)：
    num = []
    i = 2
    while i <= n：            # 判断质因子
        if n%i == 0：
            n = n/i
            num.append(i)     # 生成质因子列表
            i = 1
        i += 1
    return num
a = int(input("请输入一个大于 1 的正整数："))
num = zys(a)
print(num)
```

程序运行结果如图 6.16 所示。

Python 3.8.5 Shell
File Edit Shell Debug Options Window Help
Python 3.8.5 (tags/v3.8.5:580fbb0, Jul 20 2020, 15:57:54) [MSC v.1924 64 bit (AMD64)] on win32
Type "help", "copyright", "credits" or "license()" for more information.
>>>
========================== RESTART: D:\例题\第6章\6-12.py ==========================
请输入一个大于1的正整数：12
[2, 2, 3]
>>>
Ln: 7 Col: 4

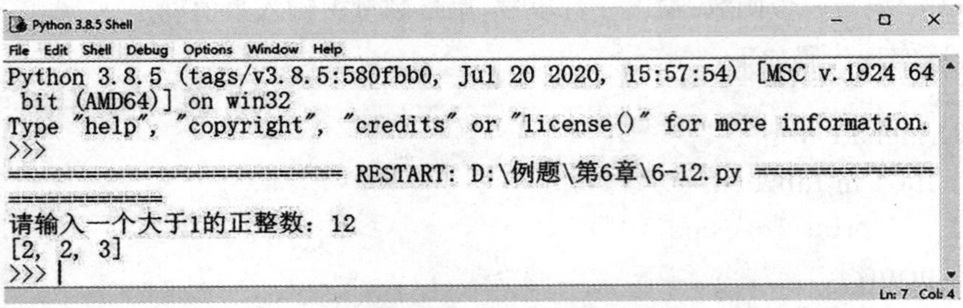

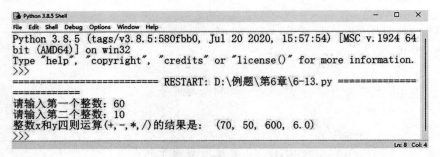

图 6.16　程序运行结果

3. 多值返回封包后返回一个元组对象

例 6.13　编写一个函数，输入两个整数，分别输出加、减、乘、除四则运算的结果。

详细程序实现代码如下：

```
def szys(x, y):
    a = x + y
    b = x - y
    c = x * y
    d = x/y
    return a, b, c, d
x = eval(input("请输入第一个整数:"))
y = eval(input("请输入第二个整数:"))
print("整数 x 和 y 四则运算(+, -, *, /)的结果是:", szys(x, y))
```

程序运行结果如图 6.17 所示。

Python 3.8.5 Shell
File Edit Shell Debug Options Window Help
Python 3.8.5 (tags/v3.8.5:580fbb0, Jul 20 2020, 15:57:54) [MSC v.1924 64 bit (AMD64)] on win32
Type "help", "copyright", "credits" or "license()" for more information.
>>>
========================== RESTART: D:\例题\第6章\6-13.py ==========================
请输入第一个整数：60
请输入第二个整数：10
整数x和y四则运算(+,-,*,/)的结果是： (70, 50, 600, 6.0)
>>>
Ln: 8 Col: 4

图 6.17　程序运行结果

6.3　匿名函数

Python 语言中，匿名函数是由 lambda 表达式创建的，基本语法结构如下：

lambda　参数列表:表达式

其中如下几点需要注意：

（1）lambda 是关键字，表明是 lambda 表达式。

（2）参数列表可以是多个参数。

（3）lambda 表达式的返回值就是表达式的计算结果。

例 6.14　　编写一个匿名函数，求正方形面积。

详细程序实现代码如下：

```
a = eval(input("请输入正方形边长："))
f = lambda x:x * x
print("输出正方形边长", a, "的面积：", f(a))
```

程序运行结果如图 6.18 所示。

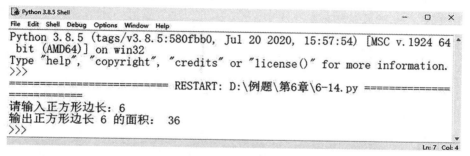

图 6.18　程序运行结果

匿名函数只能有一个表达式，虽然称为函数但其应用的场景非常单一，主要是函数编程中的一些简单操作。

6.4　生成器函数

生成器函数是用于创建迭代器的特殊类型函数。在函数中使用关键字"yield"而不是"return"，return 可以带回函数返回值到主调函数位置，而 yield 可以生成一系列值，每次调用生成器函数时，yield 将值带回后，函数依然保持原有转台，会从上次离开的位置继续执行，直到再次遇到 yield 语句或完成所有代码的执行。生成器函数基本语法结构如下：

def　生成器函数名（[参数列表]）：

函数体语句 1

yield 表达式

[函数体语句 2]

其中需要注意如下几点：

（1）关键字 def 定义生成器函数。

（2）生成器函数名按照标识符规则命名。

（3）参数列表是可选项，是传递给生成器函数的参数。

（4）yield 表达式，是生成器函数的关键部分，类似于 return，但不会终止函数执行。它会将值返回给调用者，并保留当前函数的状态，以便下次调用继续执行。

例 6.15   编写生成器函数，输出斐波那契数列（Fibonacci sequence）前 n 项值。

详细程序实现代码如下：

```
def fibonacci(n):              #求斐波那契数列各项值的生成器函数
    a, b = 1, 1
    for i in range(n):
        yield a
        a, b = b, a + b
n = int(input("请输入一个整型值:"))
f = fibonacci(n)               #创建对象 f 接收生成器函数生成的迭代器序列
print("斐波那契数列:")
for i in f:                    #遍历生成器对象 f
    print(i, end = "   ")
print()
```

程序运行结果如图 6.19 所示。

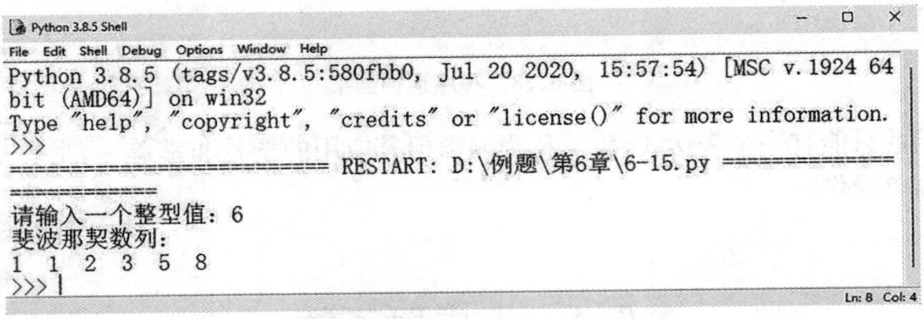

图 6.19   程序运行结果

6.5   变量的作用域与存储

6.5.1   变量的作用域

变量的作用域是指在程序中变量的作用范围，即程序中的变量被访问和修改的范围。变量按照作用域大小可分为局部变量和全局变量两种。

1. 局部变量

在函数内部被定义的变量，它的作用域仅限于定义它的函数内部。局部变量在函数调用结束后会被释放，其生命周期是动态的，即在需要时才分配存储空间，不需要时立即释放。

2. 全局变量

在函数外部定义的变量或者在函数内部使用 global 定义的变量,其作用域是从定义的地方开始,到整个程序结束为止。全局变量的生命周期是静态的,即在程序开始时分配存储空间,在程序结束时被释放。

例 6.16　局部变量和全局变量的使用。

```
def jh(a, b):
    print("交换函数中交换算法执行前:a = ", a, "b = ", b)
    a, b = b, a                            #函数中局部变量a, b
    print("交换函数中交换算法执行后:a = ", a, "b = ", b)
a = int(input("请输入第一个整型值:"))        #全局变量 a 赋值
b = int(input("请输入第二个整型值:"))        #全局变量 b 赋值
print("主程序调用函数交换前:a = ", a, "b = ", b)
jh(a, b)
print("主程序调用函数交换后:a = ", a, "b = ", b)
```

程序运行结果如图 6.20 所示。

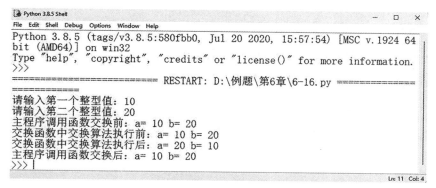

图 6.20　程序运行结果

从例 6.16 可以看到,虽然主程序和函数中的变量是一样的变量名,但程序执行后,主程序中变量值在调用函数前后没有改变,函数中的变量值在执行交换算法操作后有了改变。

6.5.2　变量存储

Python 中变量存储是指变量值在内存中的存储方式和生命周期管理。Python 中的一切皆为对象,变量存储方式是通过赋值操作将一个对象绑定到变量名上确定的,所以变量存储可以理解为对象的引用;变量的生命周期的判定是由绑定对象决定的,Python 中的对象由解释器进行管理,当一个对象没有任何变量引用时,会被自动回收,这个过程是通过引用计数和循环垃圾回收算法来实现的。

变量的作用域和存储类型是程序设计的重要组成部分,理解 Python 中的作用域和存储有助于避免变量命名冲突、提高代码的可读性,并且有助于合理管理内存和理解变量在程序中的行为和生命周期。在实际编程中,开发者应根据变量的使用情况和需求,合理选择变量类型,以提高程序的效率和可靠性。

6.6　综　合　案　例

案例6.1　编写一个函数,输出杨辉三角的前 n 行。

【分析】　"杨辉三角",也称"贾宪三角",是二项式系数在三角形中的一种几何排列。贾宪,北宋人,约于 1050 年左右完成《黄帝九章算经细草》。中国南宋数学家杨辉 1261 年所著的《详解九章算法》一书中出现"贾宪三角",故称"杨辉三角"。在欧洲,帕斯卡(1623—1662)在 1654 年发现这一规律,所以这个表又叫作帕斯卡三角形。帕斯卡的发现比杨辉要迟 393 年,比贾宪迟约 600 年。杨辉三角中每个数等于它上方两数之和,即每一行的数字(从 1 开始)是其正上方的数字与左上方数字之和。

详细程序实现代码如下:

```
def yanghuisanjiao(n):              #定义求杨辉三角的函数
    print([1])
    line1 = [1, 1]
    print(line1)
    for i in range(2, n):
        y = []
        for j in range(0, len(line1) - 1):
            y.append(line1[j] + line1[j + 1])
        line1 = [1] + y + [1]
        print(line1)
n = int(input("请输入一个正整数(n>0):"))    #主程序
yanghuisanjiao(n)                   #调用杨辉三角函数
```

程序运行结果如图 6.21 所示。

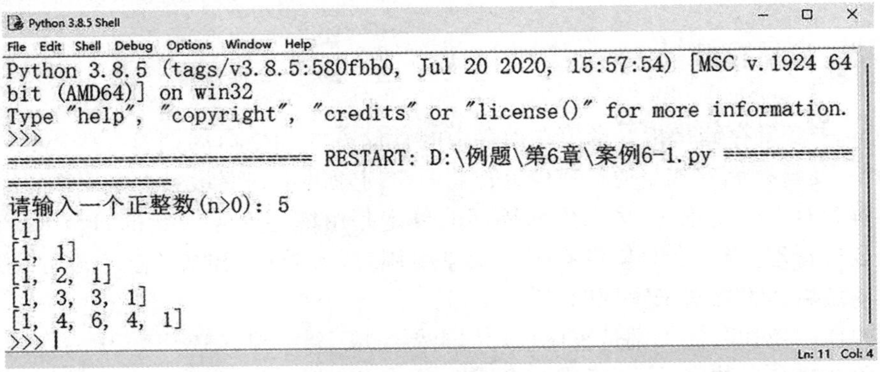

图 6.21　程序运行结果

案例 6.2　蒙特·卡罗方法计算圆周率。

【分析】　蒙特·卡罗方法是通过概率得到近似圆周率的方法。假设有一块边长为 2 的正方形木板,上面画一个单位圆,然后随意往木板上扔飞镖,落点坐标(x,y)必然在木板上(更多的时候是落在单位圆内),如果扔的次数足够多,那么落在单位圆内的次数除以总次数再乘以 4,得到的数值会逐渐接近圆周率的值。

详细程序实现代码如下:

```python
def mspi(n):
    import random
    PI = 0
    for i in range(1, num + 1):
        x = random.uniform(-1, 1)
        y = random.uniform(-1, 1)
        if(x * x + y * y <= 1):
            PI += 1
    return PI
num = int(input("请输入掷飞镖次数:"))
PI = mspi(num)
print("圆周率的值:{}".format(PI/num * 4))
```

程序运行结果如图 6.22 所示。

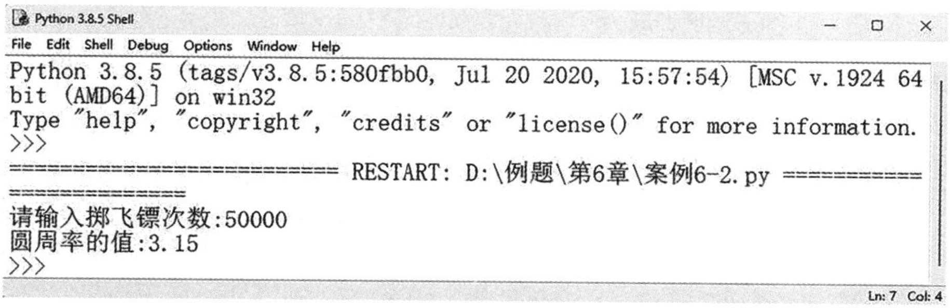

```
Python 3.8.5 Shell                                           —  □  ×
File  Edit  Shell  Debug  Options  Window  Help
Python 3.8.5 (tags/v3.8.5:580fbb0, Jul 20 2020, 15:57:54) [MSC v.1924 64
bit (AMD64)] on win32
Type "help", "copyright", "credits" or "license()" for more information.
>>>
========================= RESTART: D:\例题\第6章\案例6-2.py ============
==========
请输入掷飞镖次数:50000
圆周率的值:3.15
>>>
                                                              Ln: 7  Col: 4
```

图 6.22　程序运行结果

案例 6.3　求解方程 $\sin x + x + 1 = 0$,试用二分法求其在区间$[-\pi/2, \pi/2]$上的一个根。

详细程序实现代码如下:

```python
import math
        #一元方程的二分法算法
def bisection(function, start, end):
    if function(start) == 0:
        return start
    elif function(end) == 0:
```

```
            return end
        elif (function(start) * function(end) > 0):
            print("couldn't find root in [{}, {}]".format(start, end))
            return
        else:
            mid = start + (end − start) / 2.0
            while abs(start − mid) > 10 ** −7:
                if function(mid) == 0:
                    return mid
                elif function(mid) * function(start) < 0:
                    end = mid
                else:
                    start = mid
                mid = start + (end − start) / 2.0
            return mid
    def f(x):                        # 需要求值的函数
        return math.sin(x) + x + 1
    a = − math.pi/2
    b = math.pi/2
    print(bisection(f, a, b))
```

程序运行结果如图 6.23 所示。

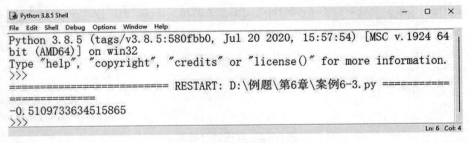

图 6.23　程序运行结果

本章小结

（1）讲述函数基础知识，介绍了函数库的安装及相关命令，详细讲述了函数库的导入格式。

（2）讲述常用内置函数和标准库函数，并介绍了扩展库函数。

（3）详细讲述自定义函数的定义、参数传递、返回值等相关内容。

（4）介绍了匿名函数的应用。

（5）讲述了变量的作用域与存储内容。

（6）详细讲述函数的相关典型案例。

本章习题

填空题

(1) Python 是_____式编程方式。

(2) Python 扩展库需要先正确_____再导入内存才能正常使用。

(3) _____命令是一个功能强大的 Python 包和库的管理工具,提供了下载、安装、查找、升级、卸载的功能。

(4) 标准库导入命令是_____,导入方式有 3 种。

(5) Python 语言中,使用_____关键字定义函数。

(6) 函数参数包括函数定义时形式参数(parameters)和调用时_____参数(arguments)。

(7) 参数传递方式主要包括:位置参数、形参赋值、_____、形参解包和形参封包。

(8) 没有 return 语句或者 return 后面无返回值,表示函数返回值默认为_____。

(9) Python 语言中,匿名函数是由_____表达式创建的。

(10) 变量按照作用域分为局部变量和_____变量两种。

编程题

(1) 编写函数,判断一个数字是否为质数,"是"则返回字符串 Yes,"否"则返回字符串 No。

(2) 编写出租车计费程序,当输入行程的总里程时,输出乘客应付的车费(车费保留一位小数)。计费标准具体为起步价 10 元/3 千米,超过 3 千米,每千米费用为 1.2 元,超过 10 千米以后,每千米的费用为 1.5 元。(要求:计算应付车费部分请使用函数实现。)

第7章 字符串的应用

学习目标

(1) 熟悉字符串基础知识。
(2) 熟悉字符串输出格式化四种方式。
(3) 掌握字符串方法和函数。
(4) 熟悉字符串切片操作。
(5) 知道正则表达式基本概念。

知识准备

引 例

在密码学中,恺撒密码(Caesar cipher)是一种最简单且最广为人知的加密技术。恺撒密码是古罗马恺撒大帝用来对军事情报进行加密的算法,它采用了替换方法将信息中的每一个英文字符循环替换为字母表序列中该字符后面的第三个字符,对应关系如下:

明文字母表:ABCDEFGHIJKLMNOPQRSTUVWXYZ
密文字母表:DEFGHIJKLMNOPQRSTUVWXYZABC

详细程序实现代码如下:

```
ming = input('请输入明文:')
mi = ''
k = 3      #k 为加密密钥
for i in ming:
    if 'a' <= i <= 'z':
        mi += chr((ord(i) + k - 97)%26 + 97)
    elif 'A' <= i <= 'Z':
        mi += chr((ord(i) + k - 65)%26 + 65)
    else:
        mi += i
print('生成的密文是', mi)
```

程序运行结果如图 7.1 所示。

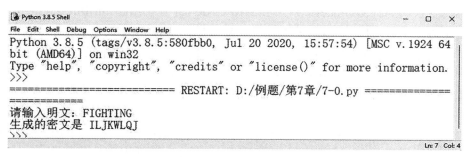

图 7.1 程序运行结果

在信息处理中时常需要对文本字符或者字符串进行处理,在 Python 中字符串是常用的信息组织形式并被广泛使用。

Python 中字符串的操作非常丰富,主要操作有字符串大小比较、求字符串长度、字符串双向索引、访问字符串元素、成员测试、字符串切片等等。另外还包括一些特殊类型操作,如查找、替换、排版以及字符串格式化等操作。

7.1 字符串基础知识

下面列出的是一些合法的常用字符串形式:'123'、'abcded'、'青岛'、"中国"、"崂山区"、"""青岛科技大学"""。请注意以下几点说明:

(1) Python 字符串类型的关键词是"str",习惯上约定使用双引号或者单引号作为字符串界定符,但要成对使用。

(2) Python 中只有字符串类型,单个字符使用长度为 1 的字符串来表示。

(3) 字符串属于不可变序列,不能直接对字符串对象进行元素增加、修改与删除等操作,另外切片操作也只能访问元素而不能修改字符串中的字符。

Python 字符串是由字符序列组成,可以通过下标(索引)访问字符串中的字符。Python 字符串的索引是双向的,从左向右可以使用正向索引,从右向左可以使用反向索引。

Python 字符串的正索引默认是从 0 开始的,负索引默认是从 −1 开始的。不论是使用正索引还是使用负索引访问元素,下标都不能越界(如图 7.2 所示)。

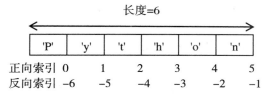

图 7.2 字符串的双向索引

此外,Python 3.X 全面支持中文,在输出打印时,中文或英文字符都作为一个字符来处理。

在 Python 中,字符编码是指将字符映射为二进制数的过程。最早应用的字符编码是美国标准信息交换码 ASCII(American Standard Code for Information Interchange),是一套基于拉丁字母的字符编码,共收录了 128 个字符,它使用单个字节来表示一个字符。

随着信息技术的发展以及信息交换的需要,针对应用中各国文字的编码需要,以及不同的应用领域和场合对字符串编码的要求差异,出现了多种形式编码格式。不同编码格式之间相差很大。在 Python 中最常用的字符串编码格式有 GBK 和 UTF-8 两种:

(1) GBK 编码格式。GBK 编码是汉字编码国家标准,全称为《汉字内码扩展规范》,主要用于处理中国汉字字符集的编码。GBK 编码在国家标准 GB2312 基础上扩容后,兼容原来的 GB2312 的标准,可以用于将中文字符表示为计算机可识别和存储的二进制数据。GBK 的主要特点是采用单双字节变长混合编码方案,即英文使用单字节编码,完全兼容 ASCII 字符编码,中文部分采用双字节编码。

(2) UTF-8 编码格式。在计算机中,最常用的编码是 UTF-8(Unicode Transformation Format-8-bit)编码。它是一个高效的编码系统,采用可变长度的编码方案,用来表示 Unicode 字符集中的字符,又称万国编码,它是一种通用的字符编码方式,可以表示世界上几乎所有的字符,目前被广泛应用于互联网和计算机系统中。

UTF-8 对全世界所有国家需要用到的字符进行编码,以一个字节表示英文字符(兼容 ASCII),以三个字节表示汉字,还有一些其他国家的字符用 2 个字节或者 4 个字节表示。UTF-8 可以确保数据的正确性,避免兼容性问题,并且可以节省存储空间。虽然 UTF-8 编码有一些缺点,但是它的优点远远超过了缺点,因此它是一种非常流行的编码方式。Python 3.X 以上版本完全支持中文字符,默认编码格式为 UTF-8。

7.2 字符串输出格式化

格式化是指把数据填充到预先定义好的文本模板中,并返回一个新的字符串。在实际应用中,字符串格式化是对字符串的输出进行控制,这是一个非常重要的内容。Python 中字符串格式化处理有四种方式:百分号%操作符方式、format()方式、f-string 字符格式化方式以及使用模板类 Template 方法。其中,在 Python 1.X 版本中早期推荐使用百分号方式,而当前比较流行的方式是 format()方式。

1. 使用百分号%操作符方法

使用百分号%操作符进行字符串的格式化,是 Python 早期提供的一种方法,虽然现在不常用了,但是它的结构和用法还是具有一定的可操作性。百分号操作符格式的语法:

%[(name)][flags][width].[precision]typecode

其中需要注意以下几点:

(1) name:可选项,用于选择指定的 key。

(2) flags:可选项,可供选择的值有:① "+":右对齐,正数前加正号,负数前加负号;② "-":左对齐,正数前无符号,负数前加负号。

(3) width:可选项,占有宽度。

(4) precision:可选项,小数点后保留的位数。

（5）typecode：必选项，可供选择的类型值如表 7.1 所示。

表 7.1　百分号%方法字符串格式化的格式字符

序号	格式字符	说　　明
1	%s	字符串
2	%c	单个字符
3	%b	二进制整数
4	%d	十进制整数
5	%i	十进制整数
6	%o	八进制整数
7	%x	十六进制整数
8	%e	指数（基底写为 e）
9	%E	指数（基底写为 E）
10	%f	浮点数

具体代码举例如下：

```
str1 = "I am learning %s" % "Python!"
print(str1)
I am learning Python!
str2 = "My name is %s, age %d" % ("青岛科技大学", 70)
print(str2)
结果是：My name is 青岛科技大学, age 70
str3 = "第一季度经济增长率为：%.1f" % 7.13        #浮点数格式字符串格式化
print(str3)
结果是：第一季度经济增长率为：7.1              #保留一位小数
str4 = "%c, %c" % (97, 65)                     #使用元组对字符串进行格式化
print(str4)
结果是：a, A                                    #字符'a'和'A'的 ASCII 码
                                                值分别是 97 和 65
    #%形式的字符串格式有点类似 C/C++ 中的输出格式控制，在实际使用
    中注意区分。
```

2. 使用 format( )方法

使用百分号%进行字符串格式化是老版本 Python 通常使用的字符串格式化方式，在程序设计中推荐使用 format()方法进行字符串格式化。该方法在 Python 2.6 中引入，是字符串类型的内置方法，是当前习惯使用的方式，它操作灵活，不仅可以使用位置和关键参数进行格式化，还可以使用序列解包进行字符串格式化，为字符串格式化提供了极大的操作帮助。字符串类型格式化采用 format()方法，基本使用格式如下：

〈模板字符串〉.format(〈逗号分隔的参数〉)

基本语法的模板字符串是使用"{ }"来替代"%",调用 format()方法后会返回一个新的字符串。对于整数类型,输出格式包括 6 种,对于浮点数类型,输出格式包括 4 种,如表 7.2 所示。

表 7.2　format( )方法字符串格式化的格式字符

对于整数类型,输出格式包括 6 种:

序号	格式字符	说　明
1	b	输出整数的二进制方式
2	c	输出整数对应的 Unicode 字符
3	d	输出整数的十进制方式
4	o	输出整数的八进制方式
5	x	输出整数的小写十六进制方式
6	X	输出整数的大写十六进制方式

对于浮点数类型,输出格式包括 4 种:

1	e	输出浮点数对应的小写字母 e 的指数形式
2	E	输出浮点数对应的大写字母 E 的指数形式
3	f	输出浮点数的标准浮点形式
4	%	输出浮点数的百分形式

代码举例如下:

```
str1 = "I am {0}, age {1}".format("青岛科技大学",70)
print(str1)
结果是:I am 青岛科技大学, age 70
str2 = "I am {}, age {}".format("青岛科技大学", 70)
print(str2)
I am 青岛科技大学, age 70
str3 = "I am {name}, age {age}".format(name = "青岛科技大学", age = 70)
    #使用关键参数
print(str3)
结果是:I am 青岛科技大学, age 70
print('{0:.3f}'.format(1/7), 1/7)        #对比使用,观察结果
结果是:0.143   0.142857
print('{0:.3f} {0:.6f}'.format(1/7))
结果是:0.143   0.142857
```

使用 format()方法对字符串进行格式化,操作灵活,结构清晰,能产生意想不到的效果,

熟练掌握有一定难度,需要在不断实践中体会和掌握。

format()方法进行字符串格式化,序号是从 0 开始,format()里面对象第一个对应序号为{0},第二个对应序号为{1},如上面例子 str2 = "I am {0}, age {1}".format("青岛科技大学", 70)所示,{0}对应字符串"青岛科技大学",{1}对应数字 70。

3．f-string 字符格式化

f-string 字符串格式化,也称为格式化字符串常量(formatted string literals),是 Python 3.6 新引入的一种字符串格式化方法,主要目的是使格式化字符串的操作更加简便。f-string在形式上是以前缀 f 或 F 修饰符引领的字符串(f'xxx' 或 F'xxx'),以大括号{}标明被替换的字段;f-string 在本质上并不是字符串常量,而是一个在运行时运算求值的表达式。

f-string 在功能方面比传统的百分号%操作符方法和 format()方法更佳,同时性能又优于二者,且使用起来也更加简洁明了,因此对于 Python 3.6 及以后的版本,推荐使用f-string 进行字符串格式化。学习 Python 需要不断引入新技术,只有这样才能最大程度提高Python 程序设计水平。

f-string 字符串格式化用法说明:

(1) 简单变量使用。

f-string 用大括号{ }表示被替换变量字段,直接填入替换内容举例如下:

```
name = 'Qingdao'
a = f' My name is {name}. Welcome! '        #字段 name 是简单变量
print(a)
结果是:My name is Qingdao. Welcome!
```

(2) 表达式求值与函数调用。

f-string 的大括号{ }可以填入表达式或调用函数,Python 会自动求出其结果并填入返回的字符串内。

```
x = 5
y = 7
a = f' The number is {x + y}'        #字段 x + y 是算术表达式
结果是:The number is 12
n = 5
a = f' 数{n}的平方值为{n * * 2}'
print(a)
结果是:数 5 的平方值为 25
import math
m = 10
a = f' 数{m}的平方根为{math.sqrt(m)}'        #字段是函数调用
print(a)
结果是:数 10 的平方根为 3.1622776601683795
```

（3）多行 f-string 使用。

f-string 格式还可用于多行字符串处理，例如：

```
name = "青岛科技大学"
age = 70
a = f"Hello! \                      #注意:符号\是续行符
       My name is {name}.\          #再一次续行
       My age is {age}."
print(a)
结果是:Hello! My name is 青岛科技大学. My age is 70.
```

（4）f-string 自定义格式应用。

自定义格式中的控制和约束形式有：对齐方式、宽度、符号、补零、输出精度、数值进制等。f-string 采用内容格式对{content:format}形式来设置字符串控制格式，其中 content 是替换并填入字符串的内容，可以是变量、表达式或函数等，format 是格式描述符。采用默认格式时不必指定{:format}，只写{content}即可。关于 f-string 自定义格式，限于篇幅，本书只做部分例子学习，如果需要深入学习了解，请读者进一步查阅有关资料。

① 对齐格式控制符：一共有三种对齐控制符，如表 7.3 所示。

表 7.3　对齐格式控制符

序号	格式描述符	含义与作用
1	<	左对齐（默认对齐方式为左对齐）
2	>	右对齐（默认对齐方式为右对齐）
3	^	居中对齐

代码举例如下：

```
x = 2939.27
a = f"x is {x:^}"      #居中对齐
print(a)
结果是:x is 2939.27
a = f"x is {x:<}"      #左对齐
print(a)
结果是:x is 2939.27
y = ' abcd'
a = f"y is {y:>}"      #右对齐
print(a)
结果是:y is abcd
```

上述对齐控制符如果单独使用，无法观察到对齐效果，需要与宽度等控制符配合使用，才能显示出相应的效果，如下面的例子所示。

② 数字符号相关格式描述符：数字符号格式符及其含义如表 7.4 所示。

表 7.4　数字符号

序号	格式描述符	含义与作用
1	＋	负数前加负号(－),正数前加正号(＋)
2	－	负数前加负号(－),正数前不加任何符号(默认)
3	(空格)	负数前加负号(－),正数前加一个空格

③ 宽度与精度相关格式描述符:自定义格式中有关宽度和精度的描述符如表 7.5 所示。

表 7.5　宽度和精度格式符

序号	格式描述符	含义与作用
1	width	整数 width 指定宽度
2	0width	整数 width 指定宽度,开头的 0 指定高位用 0 补足宽度
3	width. precision	整数 width 指定宽度,整数 precision 指定显示精度

其中需要注意的是,首先 0width 不可用于复数类型和非数值类型,width. precision 不可用于整数类型。其次,width. precision 除浮点数、复数外还可用于字符串,此时 precision 含义是只使用字符串中前 precision 位字符。

代码举例如下:

```
z = 890.12345
a = f"z is {z:< +9.1f}"        #左对齐,总宽度 10 位,显示正号(＋),保留一位
                                 小数
print(a)
结果是:z is +890.1
z = -890.12345
a = f'z is {z:< -9.2f}'
print(a)
结果是:z is 890.12
x = 2020.0716
a = f"x 格式输出 is {x:9.3f}"     #总的宽度 9 和精度 3
print(a)
结果是:x 格式输出 is  2020.072        #精度,即小数点后位数是 3 位
a = f"x 格式输出 is {x:09.3f}"
print(a)
结果是:x 格式输出 is 02020.072
a = f"x 格式输出 is {x:09.3e}"
print(a)
结果是:x 格式输出 is 2.020e+03
```

```
a = f"x 格式输出 is {x:9.3g}"
print(a)
结果是:x 格式输出 is   2.02e+03
a = f"x 格式输出 is {x:9.3%}"
print(a)
结果是:x 格式输出 is 202007.160%
    #学习下面的字符串格式化,比较相互之间的区别:
str1 = "Qingdao"
a = f"str1 is {str1:9.2s}"        #输出的是两位字符,从左开始
print(a)
结果是:str1 is Qi
a = f"str1 is {str1:9s}"
print(a)
结果是:str1 is Qingdao
```

（5）f-string 的 lambda 表达式形式。

lambda 表达式（特殊的匿名函数）也可以作为 f-string 大括号内的格式控制符,但这个时候 lambda 表达式需要用“（）”括起来,否则会被 f-string 误认为是表达式与格式描述符之间的分隔符,在实际使用中需要注意避免歧义。

```
import math
a = f'结果是:{(lambda x: math.sqrt(x))(9)}'    #lambda 表达式用()括起来
print(a)
结果是:结果是:3.0
lam1 = (lambda x, y:x + y ** 2)(2, 3)
a = f"结果是:{lam1}"                            #2+3**2=2+9=11
结果是:结果是:11
a = f'结果是:{lambda x, y:x + y ** 2 (2, 3)}'   #lambda 表达式不用()括起来,报错
print(a)
结果是:SyntaxError:unexpected EOF while parsing
a = f'结果是:{(lambda x: x ** 3 + 1)(3):<+09.3f}'
print(a)
结果是:结果是:+28.00000
```

4. 使用 Template 模板

Python 3.6 及其以上版本可以使用 Template 对象来进行格式化,标准库 string 提供了用于字符串格式化的模板类 Template,该类可以用于大量信息处理的格式化场合,尤其是适用于网页模板内容的替换和格式化场合。

（1）从 string 模块引入模板方法。

使用模板类需要预先导入模板方法,语句为 from string import Template。

(2) 将格式化字符串作为参数传入 Template 方法中创建字符串模板。

此处的格式化字符串要求使用"＄"作为格式符,后面跟实际值对应的名字,这个名字称为"关键字参数",这个名字必须符合 Python 变量命名的规范,如不能是数字、保留字,要易于记忆、好使用,跟实际值的变量名没有一致性要求,但一般为了程序可读性,都会使用实际值的变量值或键值。语法格式如下:

模板变量名＝Template(格式化字符串)

其中,如果格式化字符串原来就包含"＄"符号,与格式符对"＄"符号的使用冲突,此时用两个"＄"符号来表示是字符"＄"。因此如果关键字参数前出现了两个"＄"符号,则系统不再将后面的名字作为关键字参数,而作为普通字符串处理。这种处理在程序执行过程替换实际值过程不会报语法错误。

使用真实值替换关键字参数的语法格式如下:

模板变量名.substitute(关键字参数 1＝实际值 1, 关键字参数 2＝实际值 2,…)

举例说明如下:

```
from string import Template              ＃导入模板方法
    ＃下面定义模板
t＝Template("我的名字是＄{name},班级是＄{class},成绩是＄{score}。")
student1＝{"name":"王林", "class":"计算 211", "score":92}
print(t, substitute(student1))           ＃替换并输出结果
结果是:我的名字是王林,班级是计算 211,成绩是 92。
from string import Template as T         ＃导入模板方法命名为 T
t2＝T("我的名字是＄name,我的班级是＄class,我的成绩是＄score。")
print(t2.substitute(student1))
结果是:我的名字是王林,班级是计算 211,成绩是 92。
```

7.3　字符串方法和函数

Python 为字符串对象提供大量方法用于字符串的切分、连接、替换和排版等操作,另外还有大量内置函数和运算符也支持对字符串的操作。

由于字符串属于不可变序列,不能直接对字符串对象进行元素修改、增加和删除等操作,所以字符串对象提供的涉及字符串修改、增加和删除的方法都是返回修改后输出新字符串,并不对原始字符串做任何修改。字符串的常用方法如表 7.6 所示。

表 7.6 字符串的常用方法

序号	字符串方法	功 能 说 明
1	find()	find()搜索字符串 S 中是否包含子串 sub,如果包含,则返回 sub 的索引位置,否则返回 -1。可以指定起始"start"和结束"end"的搜索位置
2	rfind()	rfind()返回搜索到的最右边子串的位置,如果只搜索到一个或没有搜索到,则和 find()是等价的
3	index()	index()和 find()一样,唯一不同点在于找不到子串时,输出 ValueError 错误。index()方法用来返回一个字符串在另一个字符串指定范围中首次出现的位置,如果不存在则输出异常
4	rindex()	rindex()方法用来返回一个字符串在另一个字符串指定范围中最后一次出现的位置,如果不存在则输出异常
5	count()	count()方法用来返回一个字符串在另一个字符串中出现的字数,如果不存在则返回 0
6	split()	split()方法用指定字符为分隔符,从字符串左端开始将其分隔成多个字符串,并返回包含分隔结果的列表
7	rsplit()	rsplit()方法用指定字符为分隔符,从字符串右端开始将其分隔成多个字符串,并返回包含分隔结果的列表
8	lower()	lower()方法转换字符串中所有大写字符为小写形式
9	upper()	upper()方法转换字符串中所有小写字符为大写形式
10	captitalize()	captitalize()方法将字符串对象的首字母转换为大写形式
11	title()	title()方法则是将字符串对象中的每个单词的首字母转换为大写形式
12	swapcase()	字符串的 swapcase()方法的功能是把字符串对象中的大小写字母互相转换,即把大写字母转换为小写,小写字母转换为大写
13	replace()	replace()方法用新字符串替换字符串对象中的旧字符串
14	join()	字符串的 join()方法用来连接字符串,并且可以插入指定字符,返回新的字符串
15	partition()	partition()方法用来以指定字符串为分隔符从左侧开始将原字符串分隔为三个部分,即分隔符之前的字符串、分隔符字符串、分隔符之后的字符串,如果指定的分隔符不在原字符串中,则返回原字符串和两个空字符串
16	rpartition()	rpartition()方法同 partition(),区别是从右侧开始分隔
17	maketrans()	maketrans()方法返回一个字符串转换表,它将字符串 intstr 中的每个字符映射到 outstr 字符串中相同位置的字符
18	translate()	然后将此表传递给 translate()方法

下面依次进述上面列出的字符串常用方法的操作,通过举例说明其功能和应用场合。

7.3.1　字符串的匹配与计数

1. find( )和 rfind( )

在一个字符串中查找一个子串首次或者最后一次出现的位置,分别使用 find()方法和 rfind()方法。

(1) 语法格式如下:

$$strobject. find(sub[, start = 0[, end = len(string)]])$$
$$strobject. rfind(start[, begin = 0, end = len(string)])$$

(2) 参数说明如下:

① sub:指定检索的子字符串;

② start:查找的字符串;

③ begin:可选参数,开始查找的位置,默认值为 0;

④ end:可选参数,结束查找的位置,默认为字符串的长度。

在 find()方法中,如果包含子字符串则返回开始的位置,否则返回 −1;而在 rfind()方法中返回子字符串最后一次出现的位置如果没有匹配项,则返回 −1。这里的位置均是从 0 开始计算的。

详细代码举例如下:

```
str1 = "欢迎来到青岛科技大学"
str2 = "青岛"
a = str1.find(str2)          #返回第一次出现'青岛'的位置
print(a)
结果是:4
a = str1.find(str2, 15)      #从指定位置开始查找,没有找到,返回 −1
结果是:−1
str3 = "青岛科技大学,中国,青岛,松岭路 88 号"
a = str3.find(str2)          #返回第一次出现'青岛'的位置
print(a)
结果是:0
a = str3.rfind(str2)         #返回最后出现'青岛'的位置
print(a)
结果是:10
a = str3.rfind(str2, 30)     #从指定位置开始查找,没有找到,返回 −1
print(a)
结果是:−1
```

2. index( )和 rindex( )

index()方法从字符串中找出某个子字符串第一个匹配项的索引位置,该方法与 find()方法一样;同样,rindex()方法返回子字符串最后一次出现在对象字符串中的索引位置,该方法与 rfind()方法也是一样。这两种方法与 find()和 rfind()不同的是如果子字符串不在对象字符串中,则会输出一个异常。

(1) 语法格式:

$$strobject.index(sub[, start=0[, end=len(string)]])$$
$$strobject.rindex(sub[, begin=0[, end=len(string)]])$$

(2) 参数说明如下:

① sub:指定检索的子字符串;

② start:查找的字符串;

③ begin:可选参数,开始查找的位置,默认值为 0;

④ end:可选参数,结束查找的位置,默认为字符串的长度。

详细代码举例如下:

```
str2 = "Qingdao"
a = str2.index("dao")        #返回第一次出现'dao'的位置
print(a)
结果是:4
a = str2.index("dao", 2)     #从指定位置开始查找
print(a)
结果:4
a = str2.index("dao", 6)     #从指定位置开始查找,没有找到,输出错误提示
print(a)
结果是:ValueError:substring not found
str3 = "Shandong Qingdao, China Qingdao"
a = str3.rindex("dao")       #返回最后出现'dao'的位置
print(a)
结果是:27
a = str3.rindex("dao", 1, 19)   #返回在指定范围内最后出现'dao'的位置
print(a)
结果是:13
```

3. count( )

count()方法用于统计字符串里某个字符出现的次数。可选参数为在字符串搜索的开始与结束位置。count()方法返回子字符串在父字符串中从某个位置开始出现的次数,默认位置为 0。

(1) 语法格式:

$$strobject.count(sub[, start=0, end=len(string)])$$

(2) 参数说明:

① sub:指定统计的子字符串;

② start:查找的字符串;

③ begin:可选参数,开始统计的位置,默认值为 0;

④ end:可选参数,结束统计的位置,默认字符串的长度。

详细代码举例如下:

```
str3 = "Shandong Qingdao, China Qingdao"
print(str3.count("dao"))              #统计'dao'出现的次数
结果是:2
print(str3.count("dao", 5))           #从指定位置开始统计
结果是:2
print(str3.count("dao", 1, 20))       #在指定范围内统计'dao'出现的次数
结果是:1
```

7.3.2　字符串的切分

对于一个字符串对象,可以使用指定的字符作为分隔符,从字符串左边或右边开始将其分隔成多个字符串,并且返回包含分隔结果的列表,有关字符串分隔的方法有 split()、rsplit()、partition()和 rpartition()。

1. split()和 rsplit()

字符串对象的 split()和 rsplit()通过指定分隔符对字符串进行切分,split()方法从字符串左端开始,rsplit()方法从字符串右端开始,如果参数 count 有指定值,则分隔 count + 1 个子字符串。返回值为分割后的字符串新列表。

（1）语法格式:

$$strobject.split([str = "", count = string.count(str)])$$
$$strobject.rsplit([str = "", count = string.count(str)])$$

（2）参数说明如下:

① str:可选参数,指定的分隔符,默认为所有空白字符,包括空格、换行(\n)、制表符(\t)等;

② count:可选参数,指定分割次数,默认为分隔符在字符串中出现的总次数,即默认为 -1,分隔所有字符串。

详细代码举例如下:

```
str4 = "Shandong Qingdao, China Qingdao"
print(str4.split())              #以空格分隔
结果是:['Shandong', 'Qingdao, China', 'Qingdao']
print(str4.split(' ', 1))        #以空格分隔1次
结果是:['Shandong', 'Qingdao, China Qingdao']
print(str4.split(',', 1))        #以逗号分隔1次
结果是:['Shandong Qingdao', 'China Qingdao']
print(str4.rsplit())             #从右侧开始以空格分隔
结果是:['Shandong', 'Qingdao, China', 'Qingdao']
print(str4.rsplit(' ', 1))       #从右侧开始以空格分隔1次
结果是:['Shandong Qingdao, China', 'Qingdao']
```

```
print(str4.rsplit(',', 1))        #从右侧开始以逗号分隔 1 次
结果是:['Shandong Qingdao','China Qingdao']
```

2. partition( )和 rpartition( )

partition()方法和 rpartition()方法用来根据指定的分隔符将字符串进行分割。如果字符串包含指定的分隔符,则返回一个三个元素元的元组,第一个为分隔符左边的子串,第二个为分隔符本身,第三个为分隔符右边的子串。这两个方法的不同之处是 partition()方法从左到右遇到的第一个分隔符作为分隔符,而 rpartition()方法从右向左方法遇到的第一个分隔符作为分隔符。

语法格式如下:

$$strobject. partition(str = "")$$
$$strobject. rpartition(str = "")$$

其中,参数 str 是指定的分隔符。

详细代码举例如下:

```
str5 = "www.qust.edu.cn"
print(str5.partition("."))            #从左侧开始
结果是:('www','.','qust.edu.cn')
print(str5.rpartition("."))           #从右侧开始
结果是:('www.qust.edu','.','cn')
```

7.3.3　字符串的连接

字符串的 join()方法用于将一个序列中的元素以指定的字符连成字符串,返回一个新的字符串。

(1) 语法格式:

$$str. join(seq)$$

(2) 参数说明如下:

① str:为指定的字符作为分隔符,可以为空字符串;

② seq:要连接的元素列表、字符串、元组、字典等序列对象。

详细代码举例如下:

```
str1 ='_'                        #设置分隔符为'_'
seq =['青岛','科技','大学']
print(str1.join(seq))
结果是:青岛_科技_大学
str2 =''                         #分隔符为空
print(str2.join(seq))
结果是:青岛科技大学
```

```
print(' / '.join(seq))    #设置分隔符为' / '
结果是:青岛/科技/大学
```

join()方法还可以和其他字符串方法组合使用,实现特定的功能,比如 join()方法和 split()方法组合使用可以删除字符串中多余的特定字符,举例如下:

```
a = ' qingdao////////keji////////daxue////'
b = ''.join(a.split(' / '))
print(b)
' qingdao          keji          daxue          '
print(''.join(b.split()))          #删除空格,只保留一个空格
结果是:qingdao keji daxue
```

7.3.4　字符串大小写转换

Python 中有关字符串大小写转换,以及字符串首字母的大小写互换等方法有 lower() 方法、upper()方法、captitalize()方法、title()方法和 swapcase()方法。

1. lower( )和 upper( )

lower()方法转换字符串中所有大写字母为小写字母,upper()方法转换字符串中所有 小写字母为大写字母。语法格式:

$$strobject.lower()$$
$$strobject.upper()$$

其中,strobject 是要被操作的字符串对象,这两个字符串方法没有任何参数。

详细代码举例如下:

```
str1 = "WELCOME TO QUST!"
print(str1.lower())
结果是:welcome to qust!
str2 = "qingdao"
print(str2.upper())
结果是:QINGDAO
```

2. captitalize( )和 title( )

captitalize()方法将字符串对象的首字母转换为大写形式,其他字符保持不变;title() 方法则是将字符串对象中的每个单词的首字母都转换为大写形式,而其他字符保持不变。 语法格式如下:

$$strobject.captitalize()$$
$$strobject.title()$$

其中,strobject 是要被操作的字符串对象,这两个字符串方法没有任何参数。

详细代码举例如下：

```
str3 =' my name is qust'
print(str3.capitalize())
结果是:My name is qust
print(str3.title())
结果是:My Name Is Qust
```

3. swapcase()

swapcase()方法的功能是把字符串对象中的大小写字母互相转换,即把大写字母转换为小写字母,或小写字母转换为大写字母。语法格式如下:

$$strobject.swapcase()$$

其中,strobject 是要被操作的字符串对象,这个字符串方法没有任何参数。

详细代码举例如下：

```
str4 =' My NAME is Qust'
print(str4.swapcase())
结果是:mY name IS qUST
```

7.3.5 字符串的查找与替换

字符串的查找和替换是字符串的重要操作,Python 中用于字符串的查找和替换的方法有 replace()方法、maketrans()方法和 translate()方法。

1. replace()

replace()方法用新字符串替换字符串对象中的旧字符串。返回字符串中的原字符串(old)替换成新字符串(new)后生成的新字符串,如果指定第三个参数(max),则替换不超过指定最高次数。

(1) 语法格式:

$$strobject.replace(old, new[, max])$$

(2) 参数说明如下:

① old:将被替换的子字符串;

② new:新字符串,用于替换 old 子字符串;

③ max:可选字符串,替换不超过 max 次。

详细代码举例如下：

```
str1 = "山东青岛,青岛崂山区,青岛科技大学"
print(str1.replace("青岛", "qingdao"))
结果是:山东 qingdao,qingdao 崂山区,qingdao 科技大学
print(str1)                                    #不改变原字符串内容
结果是:山东青岛,青岛崂山区,青岛科技大学
```

> print(str1. replace("青岛", "qingdao", 1))
> 结果是：山东 qingdao,青岛崂山区,青岛科技大学

字符串的 replace()方法不会改变原字符串对象的内容。

2. maketrans( )和 translate( )

Python 字符串 maketrans()方法返回一个字符串转换表,它将字符串 instr 中的每个字符映射到 outstr 字符串中相同位置的字符,然后将此表传递给 translate()方法,使用这两个方法的组合可以同时处理多个不同的字符,replace()方法则无法满足这一要求。

（1）语法格式：

$$strobject. maketrans(instr[, outstr])$$
$$strobject. translate(transtr)$$

（2）参数说明如下：

① instr：这是具有实际字符的字符串；

② outstr：这是具有相应映射字符的字符串；

③ transtr：是 maketrans()方法生成的字符映射表。

maketrans()方法返回一个字符串映射表,translate()方法根据映射表定义的对应关系替换字符串中的字符,并返回新的字符串。

详细代码举例如下：

```
str1 = "this is string example, welcome to python!"    #定义字符串
instr = "tiewp"
outstr = "12345"

trantstr = str1. maketrans(instr, outstr)               #生成字符映射表
print(trantstr)
结果是：{116:49, 105:50, 101:51, 119:52, 112:53}
print(str1. translate(trantstr))                        #根据映射表替换字符
结果是：1h2s 2s s1r2ng 3xam5l3, 43lcom3 1o 5y1hon!
```

7.3.6　使用内置函数操作字符串对象

Python 中除了提供字符串对象的方法操作字符串之外,系统还提供一些内置函数用于操作字符串。在前面章节中多次用到内置函数来操作字符串,在此归纳一下,常用于操作字符串的内置函数如表 7.7 所示。

表 7.7　适用于字符串操作的内置函数

序号	内置函数	说　　　明
1	max()	返回字符串中的最大字符(内码最大,字典序)
2	min()	返回字符串中的最小字符(内码最小,字典序)
3	len()	返回字符串长度

序号	内置函数	说　　明
4	eval()	对任意字符串表达式求值
5	input()	将用户输入的均作为字符串

详细代码举例如下：

```
str1 = "青岛科技大学"
str2 = "Qingdao"
str3 = "青岛科技大学 QUST"
print(max(str1), max(str2))        #返回最大字符和最小字符
结果是：(青, o)
print(min(str1), min(str2))
结果是：(大, Q)
print(len(str1), len(str2), len(str3))
#汉字和英文字母均作为一个长度计算
结果是：(6, 7, 10)
x = input("请输入：")
请输入：123                        #输入数值
print(type(x))                     #类型是字符串
结果是：〈class 'str'〉
y = eval(x)                        #可以求值
z = int(x)                         #可以取整
print(y, z)
结果是：123 123
print(type(y), type(z))            #求值和取整后的类型均为 int
结果是：(〈class 'int'〉, 〈class 'int'〉)
x = input("请输入：")
请输入：abc123                      #输入字母和数字混合
print(type(x))
结果是：〈class 'str'〉
print(eval(x))                     #不可以求值
结果是：NameError：name 'abc123' is not defined
```

上面列出与字符串操作有关的部分内置函数。有关内置函数的内容在前面章节已经介绍过，这里就不赘述了。

7.4　字符串切片操作

字符串切片是指在 Python 中通过指定开始和结束的索引来截取字符串的一部分。切片操作也适合字符串对象,由于字符串属于不可变序列,所以切片操作也只能访问其中的元素,不支持字符串的修改、增加和删除元素等操作。下面将探讨在 Python 中切分字符串的不同方法,以及如何有效地使用。

(1) 语法格式:

$$strobject[start:end:step]$$

(2) 参数说明如下:

① start:可选参数,表示起始索引,截取时包含该字符。如果不指定,默认为 0;

② end:可选参数,表示终止索引,截取时不包含该字符。如果不指定,默认为字符串的长度;

③ step:可选参数,表示步长。如果不指定,默认为 1,即每次切片都取相邻的字符。

7.4.1　字符串切片的举例

详细代码举例如下:

```
s = "ABCDEFGHIJKLMNOPQRSTUVWXYZ"
print(s[0:10:1])          #从左向右,依次取出下标 0 到 9 的元素
结果是:ABCDEFGHIJ
print(s[1:10:2])          #从左向右,依次取出下标 1,3,5,7,9 的元素
结果是:BDFHJ
print(s[-10:-20:-2])      #从右向左,依次取出下标-10,-12,-14,-16,
                            -18 的元素
结果是:QOMKI
print(s[10:])             #从左向右,从下标 10 开始截取到字符串末尾
结果是:KLMNOPQRSTUVWXYZ
print(s[:10])             #从左向右,从字符串开头截取到下标 9
结果是:ABCDEFGHIJ
print(s[::-1])            #逆向输出字符串,实现字符串的翻转
结果是:ZYXWVUTSRQPONMLKJIHGFEDCBA
```

7.4.2　字符串切片的应用

切片操作在 Python 编程中有着广泛的应用场景,特别是在数据筛选和序列操作方面非常有用。

（1）数据筛选：

在处理数据时，经常需要从大量的数据中选取出符合条件的部分。字符串切片操作可以灵活地筛选出满足要求的数据，提高数据处理效率。

（2）序列操作：

字符串切片操作也常用于对字符串进行操作，如反转、拼接和插入等。通过灵活运用切片操作，可以轻松实现对字符串的各种处理需求。

例 7.1　　在 Python 中，逆序输出字符串是一个常见操作，有多种方法可以实现。编写程序利用字符串切片的方法实现。

详细代码举例如下：

```
str1 = input("Input:")
str2 = str1[::-1]
print("原字符串是{0},逆序字符串是{1}".format(str1, str2))
```

运行结果如图 7.3 所示：

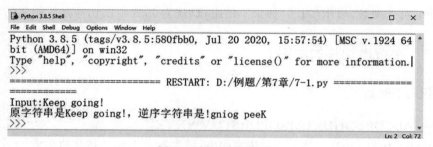

图 7.3　程序运行结果

例 7.2　　中国居民身份证号码由十八位数字组成。第 1−2 位是所在省份的代码，第 3−4 位是所在城市的代码，第 5−6 位是所在区县的代码，第 7−14 位是出生年月日，第 15−16 位是顺序号，第 17 位是性别代码（奇数为男性，偶数为女性），第 18 位是校检码（可以是 0−9 或 X）。试编写一段程序代码实现输入一个有效的身份证号，从中提取出生年月日的信息。

详细代码如下：

```
id_card = input('请输入一个身份证号码:')
if len(id_card) == 18:
    year = id_card[6:10]
    month = id_card[10:12]
    day = id_card[12:14]
    print("出生日期是{0}年{1}月{2}日".format(year, month, day))
else:
    print("身份证号码位数或格式不对")
```

运行结果如图 7.4 所示：

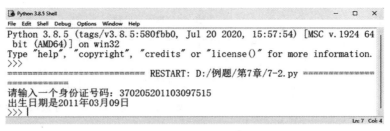

图 7.4　程序运行结果

7.5　正则表达式简介

正则表达式又称规则表达式（Regular Expression），在代码中常简写为 regex、regexp、RE 或 re，是计算机科学的一个概念。正则表达式通常被用来检索、替换那些符合某个模式（规则）的文本的内容。

正则表达式是对字符串操作的一种逻辑公式形式，是用于处理字符串的强大工具，用事先定义好的一些特定字符、以及这些特定字符的组合，组成一个“规则字符串”或称之“模式表达式”，这个“规则字符串”用来表达对字符串的一种过滤逻辑，详细结构和流程如图 7.5 所示。

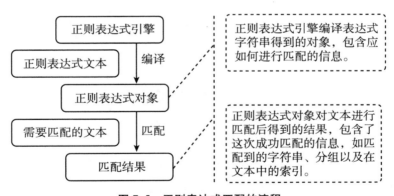

图 7.5　正则表达式匹配的流程

7.5.1　正则表达式元字符

正则表达式由元字符及其不同组合构成，灵活构建正则表达式能够匹配任意的字符串，可以实现查找、替换等一系列复杂的字符串处理功能，正则表达式的灵活形式和强大功能使其在计算机信息处理中被广泛应用。正则表达式的元字符及其含义如表 7.8 所示。

表 7.8　Python 中元字符与含义

序号	字符	功　能　描　述
1	\	表示\之后的一个字符标记为一个特殊字符、或一个原义字符、或一个向后引用或一个八进制转义符
2	( )	看作一个子模块，或将括号内的内容作为一个整体对待
3	{ }	按{ }中指定的次数进行匹配，例如{3, 8}表示前面的字符或模式至少重复 3 次而最多重复 8 次
4	[ ]	匹配位于[]中的任意一个字符
5	.	匹配除换行符(\n、\r)之外的任何单个字符。要匹配包括 '\n' 在内的任何字符，请使用像"(. |\n)"的模式
6	^	匹配以 ^ 后面的字符或模式开头的字符串
7	$	匹配以 $ 前面的字符或模式结束的字符串
8	*	匹配 * 前面的子表达式零次或多次
9	+	匹配 + 前面的子表达式一次或多次
10	−	在[]内表示一个范围
11	|	匹配位于|之前或之后的字符
12	\num	此处的 num 是一个正整数，表示前面字符或子模式的编号
13	{n}	n 是一个非负整数，匹配确定的 n 次
14	{n, }	n 是一个非负整数，至少匹配 n 次
15	{n, m}	m 和 n 均为非负整数，其中 n<＝m，最少匹配 n 次且最多匹配 m 次
16	?	匹配? 前面的子表达式零次或一次
18	x|y	匹配 x 或 y
19	[xyz]	字符集合，匹配所包含的任意一个字符
20	[^xyz]	负值字符集合，匹配未包含的任意字符
21	[a−z]	字符范围，匹配指定范围内的任意字符
22	[^a−z]	负值字符范围，匹配任何不在指定范围内的任意字符
23	\b	匹配一个单词边界，也就是指单词和空格间的位置
24	\B	匹配非单词边界
25	\cx	匹配由 x 指明的控制字符
26	\d	匹配一个数字字符
27	\D	匹配一个非数字字符
28	\f	匹配一个换页符
29	\n	匹配一个换行符
30	\r	匹配一个回车符

序号	字符	功　能　描　述
31	\s	匹配任何空白字符,包括空格、制表符、换页符等
32	\S	与\s 含义相反,匹配任何非空白字符
33	\t	匹配一个制表符
34	\v	匹配一个垂直制表符
35	\w	匹配字母、数字、下划线
36	\W	与\w 含义相反,匹配非字母、数字、下划线
37	\xn	匹配 n,其中 n 为十六进制转义值,十六进制转义值必须为确定的两个数字长

　　正则表达式的元字符较多,这里列出一部分,初学者对于正则表达式理解和应用都有一定的困难,因此需要从最简单的内容开始学习,逐步领会,并应用于字符串的操作处理中。举例说明如下:

　　(1) 单个符号应用,详细代码举例如下:

```
import re                        #导入模块
pattern1 = re.compile(r'\d')     #找出所有的十进制数字
pstr1 = pattern1.findall('Qingdaokejidaxue1950Qust')
if pstr1 ! = None:
    print(pstr1)
else:
    print("无匹配!")
```

运行结果:['1','9','5','0']

　　(2) 多个符号混合应用,详细代码举例如下:

```
im port re                       #导入模块
pattern1 = re.compile(r'\D\d')   #找出第一位是字母,第二位是数字的组合
pstr1 = pattern1.findall('Qingdaokejidaxue1950Qust')
if pstr1 ! = None:
    print(pstr1)
else:
    print("无匹配!")
```

运行结果:['e1']

　　在正则表达式中使用圆括号"( )"表示子模块,子模块可以作为一个整体对待,使用子模块扩展语法可以实现更加复杂的字符串处理能力,常用的扩展语法如表 7.9 所示。

表 7.9 常用子模式扩展语法

序号	语　　法	功　能　描　述
1	(? P⟨groupname⟩)	为子模式命名
2	(? iLmsux)	设置匹配标志,可以是几个字母的组合,每个字母含义与编译标志相同
3	(?:…)	匹配但不捕获该匹配的子表达式
4	(? P = groupname)	表示在此之前的命名为 groupname 的子模式
5	(? #…)	表示注释
6	(? < = …)	用于正则表达式之前,如果< = 后的内容在字符串中不出现则匹配,但不返回< = 之后的内容
7	(? = …)	用于正则表达式之后,如果 = 后的内容在字符串中出现则匹配,但不返回 = 之后的内容
8	(? <!…)	用于正则表达式之前,如果<! 后的内容在字符串中不出现则匹配,但不返回<! 之后的内容
9	(?!…)	用于正则表达式之后,如果! 后的内容在字符串中不出现则匹配,但不返回! 之后的内容

7.5.2　贪婪模式和非贪婪模式

贪婪模式和非贪婪模式是字符串匹配的两种形式。贪婪模式与非贪婪模式影响的是被量词修饰的子表达式的匹配行为,贪婪模式在整个表达式匹配成功的前提下,尽可能多地匹配,而非贪婪模式在整个表达式匹配成功的前提下,尽可能少地匹配,两种模式使用的场合不同。

1. 贪婪模式

贪婪模式是尽可能多地匹配字符串。Python 中字符串匹配策略默认为贪婪模式。代码举例如下:

```
import re
st1 = re.match(r'(.+)(\d* -\d*)','1234 -56789')        #贪婪模式
print(st1.group(1))
结果是:1234
print(st1.group(2))
结果是: -56789
print(st1.group(0))
结果是:1234 -56789
print(st1.group())
结果是:1234 -56789
```

2. 非贪婪模式

非贪婪模式尽可能少地匹配字符串,在正则表达式后面加个"?"表示非贪婪模式.代码

举例如下：

```
import re
str2 = re.match(r'(.+?)(\d*-\d*)','1327-48949')        #非贪婪模式
print(str2.group(0))
结果是:1327-48949
print(str2.group(1))
结果是:1
print(str2.group(2))
结果是:327-48949
```

7.5.3　正则表达式模块 re

Python 标准库 re 提供了正则表达式操作所需要的功能，该标准库模块提供了大量的方法用于字符串操作，可以直接用于字符串处理，另外为正则表达式对象提供了更多的功能，使用编译后的正则表达式对象不仅提高了字符串的处理速度，还增强了字符串处理功能。

1．re 模块中常用方法

Python 标准库 re 模块中提供了一些方法用于正则表达式对字符串的处理，常用方法如表 7.10 所示。

表 7.10　re 模块中的方法

序号	方　　法	功　能　说　明
1	re.compile(pattern[, flags])	对正则表达式 pattern 进行编译转换成正则表达式对象，编译后比直接查找速度快把正则表达式语法
2	re.match(pattern, string[, flags])	re.match()从字符串的起始位置匹配，若起始位置不符合正则表达式，则返回 None
3	re.search(pattern, string[, flags])	re.search()搜索整个字符串，返回第一个匹配的结果。在字符串中查找匹配正则表达式模式的位置，返回 MatchObject 的实例，如果没有找到匹配的位置，则返回 None
4	findall(pattern, string[, flags])	查找字符，其中模式就是正则表达式，从字符串中找出符合模式的字符序列，返回值为 list 类型，list 元素为匹配出的各个字符串
5	re.split(pattern, string[, maxsplit=0, flags=0])	可以将字符串匹配正则表达式的部分割开并返回一个列表

序号	方　　　　法	功　能　说　明
6	re. sub(pattern, repl, string[, count, flags])	在字符串 string 中找到匹配正则表达式 pattern 的所有子串,用另一个字符串 repl 进行替换。如果没有找到匹配 pattern 的字符串,则返回未被修改的 string
7	re. subn(pattern, repl, string[, count, flags])	该函数的功能和 sub()相同,但它还返回新的字符串以及替换的次数
8	re. finditer(pattern, string[, flags])	和 findall 类似,在字符串中找到正则表达式所匹配的所有子串,并组成一个迭代器返回

（1）re. compile()函数模块应用举例如下：

```
import re
r1 = re. compile(r' Qust' )          ＃创建模式对象
if r1. match(' HelloQust' )：         ＃模式匹配
    print(' match succeeds' )
else：
    print(' match fails' )
if r1. search(' HelloQust' )：        ＃寻找模式
    print(' search succeeds' )
else：
    print(' search fails' )
```

运行结果：

match fails

search succeeds

（2）re. split()函数模块应用举例如下：

```
import re
s = (' age = 20, 出生年 = 2005,出生月 = 02' )
print(' 输出结果如下：' )
print(' 逗号切割：', s. split(' ,' ))               ＃按逗号切割
s1 = (' 中国 100 美国 90 德国 80 法国 70' )
ret = re. split(' \d +', s1)                      ＃按数字切割
print(' 数字切割：', ret)
```

运行结果：

逗号切割：[' age = 20', '出生年 = 2005,出生月 = 02']

数字切割：[' 中国 ', ' 美国 ', ' 德国 ', ' 法国 ', '']

（3）re.search()函数模块应用举例如下：

```
import re
ret = re.search('\d+', 'age=20,出生年=2005,出生月=10')
print("内存结果:", ret)            #结果是内存地址,一个正则匹配的结果
print("真正结果:", ret.group())     #通过 ret.group()获取真正的结果运行
结果
```

运行结果：

内存结果:〈_sre.SRE_Match object；span=(4,6), match='20'〉
真正结果:20

（4）re.sub()函数模块应用举例如下：

```
import re
s = ('age=20,出生年=2005,出生月=10')
ret = re.sub('\d+', '*', s)        #把所有的数字替换成 *
ret1 = re.sub('\d+', '*', s, 1)    #替换一次
print("全部替换:", ret)
print("替换一个:", ret1)
```

运行结果：

全部替换:age=*,出生年=*,出生月=*
替换一个:age=*,出生年=2005,出生月=10

（5）re.subn()函数模块应用举例如下：

```
import re
s = ('age=20,出生年=2005,出生月=10')
ret = re.subn('\d+', '*', s)
print("返回元组和一共被替换的次数:\n", ret)
```

运行结果：

返回元组和一共被替换的次数：
'age=*,出生年=*,出生月=*', 3

2. re 模块应用案例

例7.3　提取文本中的手机号码。使用正则表达式判断文本中是否包含正确的手机号码并提取出来。

详细代码如下：

```
import re
def get_phone(str1):
    x = re.findall('(13\d{9}|14[51|7]\d{8}|15\d{9}\
```

```
        |166{\d{8}|17[3|6|7]{\d{8}|18\d{9})', str1)
        print(x)
str = input("请输入一段包含手机号码的文本：")
get_phone(str)
```

运行结果：

第一次运行：

请输入一段包含手机号码的文本：ashfsahj

[ ]

第二次运行：

请输入一段包含手机号码的文本：13963987632

[13963987632]

第三次运行：

请输入一段包含手机号码的文本：青岛科技大学 13963987632 信息科学技术学院 789

[13963987632]

例 7.4 验证输入的只能是汉字。

详细代码如下：

```
def charaJudge(s):
    result = re.search(r'^[\u2E80 - \u9FFF] + $', s)
    if result:
        print('输入符合要求')
```

```
        return result
    else:
        print('输入不符合要求')
import re
string1 = input("请输入汉字：")
charaJudge(string1)
```

运行结果：

第一次运行：

请输入汉字：青岛科技大学

输入符合要求

第二次运行：

请输入汉字：青岛 QUST

输入不符合要求

7.6　综 合 案 例

案例 7.1　　在日常使用电脑或手机时,通常会遇到软件或 app 的登录需要输入验证码。这种方法有效地保障了账号的安全性。编写程序生成由数字和英文字母组成的四位验证码。

详细代码如下:

```python
import random
checkcode = ''
for i in range(4):
    x = random.randint(0, 2)
    if x == 0:
        code = str(random.randint(0, 9))
    elif x == 1:
        code = chr(random.randint(65, 90))
    else:
        code = chr(random.randint(97, 122))
    checkcode += code
print(checkcode)
```

运行结果如图 7.6 所示:

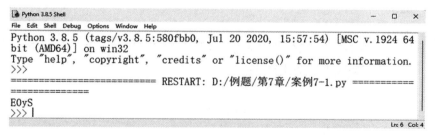

图 7.6　程序运行结果

案例 7.2　　在实际的程序开发中,密码强度检查是一项至关重要的安全措施。通常密码设置有以下 3 种要求:

(1) 字符长度需在 8-16 位之间。

(2) 可以是数字、字母或其他字符(,.!;? ♯%&<>+-*/)的组合。

(3) 如果密码仅有数字/字母/字符一种组合为密码强度低,有数字/字母/字符两种组合为密码强度中,有数字/字母/字符三种组合为密码强度高。

编写程序判断密码字符串的安全等级。

详细代码如下:

```python
def check_number(psd):
    for x in psd:
        if x.isnumeric():        #判断是否含有数字
            return True
            break
    return False
def check_letter(psd):
    for x in psd:
        if x.isalpha():          #判断是否含有字母
            return True
            break
    return False
def check_other(psd):
    for x in psd:
        if x in ',.!;? #%&<>+-*/':        #判断是否含有指定字符
            return True
            break
    return False
def check_len(psd):
    if 8<=len(psd)<=16:
        return True
    else:
        return False
def main():
    while True:
        psd_str=input("请输入密码:")
        if check_len(psd_str):
            key=0
            if check_number(psd_str):
                key+=1
            if check_letter(psd_str):
                key+=1
            if check_other(psd_str):
                key+=1
            if key==1: print("密码设置成功,强度等级低")
            if key==2: print("密码设置成功,强度等级中")
            if key==3: print("密码设置成功,强度等级高")
```

```
                break
            else:
                print("密码长度需为 8-16 个字符,请重新输入")
if __name__ =='__main__':
    main()
```

运行结果如图 7.7 所示。

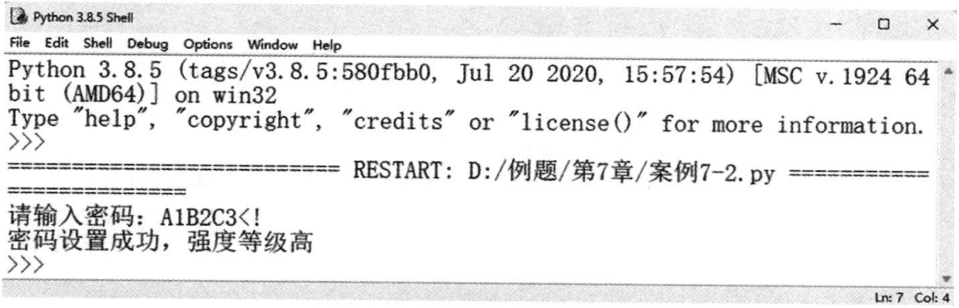

Python 3.8.5 Shell
File Edit Shell Debug Options Window Help
```
Python 3.8.5 (tags/v3.8.5:580fbb0, Jul 20 2020, 15:57:54) [MSC v.1924 64
bit (AMD64)] on win32
Type "help", "copyright", "credits" or "license()" for more information.
>>>
========================= RESTART: D:/例题/第7章/案例7-2.py ===========
==============
请输入密码: A1B2C3<!
密码设置成功,强度等级高
>>>
```
Ln: 7 Col: 4

图 7.7　程序运行结果

案例 7.3　　中国居民身份证号码由 18 位数字组成,第 18 位是校检码,是根据前面 17 位数字码,按照 ISO 7064:1983.MOD 11-2 中的校验码计算方法计算确定(图 7.8)。具体生成规则是:首先对前面的 17 位数字加权求和,权重分别为 7,9,10,5,8,4,2,1,6,3,7,9,10,5,8,4,2;再用得到的和除以 11,即对 11 取模得到值 Z;最后通过查看关系对应表得到对应的校验码(图 7.8)。

Z	0	1	2	3	4	5	6	7	8	9	10
校验码	1	0	X	9	8	7	6	5	4	3	2

图 7.8　校验码

编写程序,验证输入的身份证号是否有效。

详细代码如下:

```
weight = [7, 9, 10, 5, 8, 4, 2, 1, 6, 3, 7, 9, 10, 5, 8, 4, 2]
validate = ['1','0','X','9','8','7','6','5','4','3','2']
nums = input("请输入五个身份证号码(英文逗号隔开):")
list1 = nums.split(',')
count = 0
for m in range(5):
    s = 0
    id_card = list1[m]
    for i in range(17):
        s += int(id_card[i]) * weight[i]
```

```
        n = s%11
        if validate[n] == id_card[-1]:
            print("号码{0}有效".format(list1[m]))
            count += 1
    print("共有{0}个号码有效".format(count))
```

运行结果如图 7.9 所示。

图 7.9　程序运行结果

本章小结

在本章中，学习重点是掌握字符串对象，并能够熟练使用字符串的相关操作。下面是本章的一些学习要点：

（1）Python 中没有字符和字符串区分，只有字符串的概念，是一个整体对象。

（2）Python 3.X 支持中文（汉字）作为标识符。

（3）Python 字符串格式化方法有：%百分号方法、format 方法、f-string 方法以及 Template 模板方法，在 Python 3.6 及其以上版本推荐使用 f-string 方法进行字符串格式化。

（4）Python 字符串是有序序列，支持使用下标访问其中的字符，支持双向索引和切片操作。

（5）Python 字符串属于不可变序列，不能直接对字符串对象进行元素增加、修改与删除等操作，且切片操作只能访问元素而不能修改字符串中的字符。

（6）Python 字符串类型关键字是 str，用内置函数 type()可以测试类型。

（7）Python 标准库 string 提供字符串常量及其相关操作。

（8）Python 提供了丰富的转义字符，要掌握常用的转义字符含义与用法。在字符串前加上字母"r"或者"R"表示原始字符，其中所有字符均表示原始的含义而不被转义。

（9）UTF-8 编码使用 3 个字节表示一个汉字，GBK 编码使用 2 个字节表示一个汉字。

 本章习题

选择题

（1）执行以下运算后，t2 的值是（　　　　）。

运行代码如下：

```
t1 = "Good work"
t2 = text1[-1] * 3
```

A. Good workGood workGood work

B. workworkwork

C. work work work

D. kkk

(2) 以下代码的运行结果是(　　)。

运行代码如下：

```
s = 'happy birthday'
print(s[13:-15:-2])
```

A. 运行会报错　　　　　　　　　B. ydti pa

C. ydtipa　　　　　　　　　　　D. yadhtrib yppa

(3) 下列说法正确的是(　　)。

A. "0123456"是一个长度为 6 的字符串

B. 在 Python 中，可以用乘号'*'把两个字符串连接起来

C. 'What's this? '是一个合法的字符串

D. '*'是一个合法的字符串

(4) 阿宝想在屏幕终端上打印出文字："我叫阿宝，今年 10 岁，我喜欢编程。"阿宝已经定义的变量如下，下列输出语句错误的是(　　)。

运行代码如下：

```
name = '阿宝'
age = 10
hobby = '编程'
```

A. print('我叫{1}，今年{0}岁，我喜欢{2}。'.format(age, name, hobby))

B. print('我叫{}，今年{}岁，我喜欢{}。'.format(name, hobby, age))

C. print('我叫%s，今年%d 岁，我喜欢%s。'%(name, age, hobby))

D. print('我叫%s，今年%s 岁，我喜欢%s。'%(name, age, hobby))

(5) 请问下列四个表达式中，哪个表达式的值与其他三个表达式的值不同？(　　)

A. '中国' + 'China'

B. ''.join(['中国', 'China'])

C. '中国 China' * 1

D. '中国' - 'China'

(6) 下列程序的运行结果是(　　)。

运行代码如下：

```
s1 = "red green red green red green"
s2 = s1. replace("red", "mouse", 2)
print(s2)
```

A. red green mouse green red green

B. 2 green mouse green red green

C. mouse mouse green mouse mouse green red green

D. mouse green mouse green red green

（7）下列程序的运行结果是（　　）。

运行代码如下：

```
poem = "明日复明日"
for i in poem：
if i == "明"：
continue
print(i)
```

A. 明复明　　　　　　　　　B. 日复日

C. 明日复明日　　　　　　　D. 明明

判断题

（1）下面这个程序段运行后，显示的输出结果是：Python! 第 1 名!　　（　　）

运行代码如下：

```
a = "%s! 第%d 名!"%('Python', 1)
print(a)
```

（2）s1 和 s2 分别是字符串类型，则 s1 + s2 表示 s1 与 s2 两个字符串连接，s1 - s2 表示从 s1 中减去 s2 的字符串。　　（　　）

（3）若 s = '春眠不觉晓，处处闻啼鸟。'，则 s[2:4]的值是' 不觉'。　　（　　）

第8章 文件操作

学习目标

(1) 理解文件的概念。
(2) 掌握文件的操作。
(3) 掌握文件夹的操作。

知识准备

计算机程序在运行过程中将数据加载到内存中，内存中的数据是不能永久保存的，因此就需要将数据保存起来，方便后期使用。通常情况下是把数据保存到文件或者数据库中，数据库是较为复杂的文件系统，即数据库最终也是以文件形式存储的，所以掌握文件的操作是十分重要的。

8.1　文件操作

在计算机编程中，文件是用于存储数据的一种常见方式。在 Python 中，文件操作是一项重要的任务，涉及读取、写入和处理文件数据。了解文件的基本概念对于编写处理数据的程序至关重要。

8.1.1　文件类型

文件是存储信息的容器和外在表现，文件的类型多种多样，按照数据的组织形式，在Python中通常把文件划分为两大类：二进制文件和文本文件。二进制文件和文本文件的划分是相对的，广义的二进制文件即指所有文件，因为在外部设备中存放的文件形式为二进制结构。狭义的二进制文件即除了文本文件之外的所有文件。

1. 文本文件

文本文件是一种包含文本数据的文件，其中数据以文本形式存储，通常由字符组成。这些文件包含了可读的文本，通常使用 ASCII 或 Unicode 编码表示字符。文本文件可以使用文本编辑器打开查看，文本文件是最常见的文件类型。以下是关于文本文件的一些重要概念：

（1）字符编码：文本文件中的字符由编码表示。常见的字符编码包括 ASCII、UTF-8、UTF-16 等。选择适当的编码非常重要，以确保文本可以正确解释和显示。

（2）换行符：文本文件中的行通常由换行符分隔。在不同的操作系统中，换行符的表示方式可能不同。例如，Windows 使用回车符（\r\n），而 Unix/Linux 使用换行符（\n）。

（3）行：文本文件中的文本通常被组织成行，每一行代表一个逻辑上的文本单位。行的长度是由文件中的换行符决定的。

（4）纯文本和二进制文件：文本文件包含可读的字符，而二进制文件包含非文本数据，如图像、音频等。文本文件可以用文本编辑器打开并查看，如记事本或者各种程序设计工具中源代码编辑器等（图 8.1、图 8.2、图 8.3），而二进制文件通常需要特定的应用程序或工具。

（5）文件扩展名：文本文件通常以常见的文本文件扩展名结尾，如.txt、.csv、.html 等。这有助于用户和程序识别文件的类型。其中.txt 是最典型和最常见的文本文件扩展名类型。

在 Python 中，可以使用 open()函数来处理文本文件，但要特别注意字符编码，以确保文件正确读取和写入。文本文件处理通常包括读取、写入、追加内容、逐行读取等操作，这些操作可以使用 Python 的文件操作方法完成。

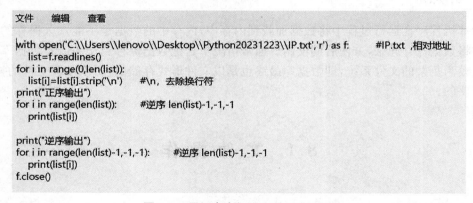

图 8.1　用记事本打开 Python 源程序

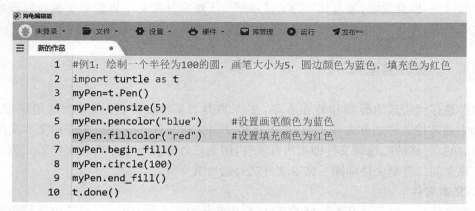

图 8.2　用海龟编辑器打开的 Python 源程序

```
文件操作范例2.py - D:\2024\2024Python书出版\文件操作范例2.py (3.11.2)
文件  编辑  格式  运行  选项  窗口  帮助
def copy_file(source_file, destination_file):
    with open(source_file, 'rb') as source:
        with open(destination_file, 'wb') as destination:
            destination.write(source.read())
    return False


if copy_file('source.txt', 'destination.txt'):
    print("文件复制成功！")
```

图 8.3　用 Python IDLE 打开 Python 源程序

2. 二进制文件

二进制文件与文本文件不同,它们包含的是以字节(binary)形式表示的数据,而不是可读的文本。二进制文件可以包含图像、音频、视频、压缩文件等任意类型的数据。以下是关于二进制文件的一些重要概念:

(1) 字节编码:二进制文件中的数据是以字节为单位的,不同于文本文件中的字符。字节可以包含任何二进制数据。

(2) 不可见字符:由于二进制文件中包含各种数据类型,可能包含不可见字符,这使得用文本编辑器打开并查看文件通常没有意义。

(3) 文件内容的解释:读取二进制文件需要了解文件中数据的结构和格式,以正确解释和处理文件内容。例如,图片文件可能包含像素数据,而音频文件可能包含音频样本。

(4) 通用性:由于二进制文件可以存储任意类型的数据,它们更通用,适用于存储非文本数据。

在 Python 中,可以使用类似于文本文件的方式打开二进制文件,但是在模式参数中有所变化。

8.1.2　文件操作

文件操作主要包括创建文件、打开文件、读取文件内容、插入或删除文件内容、保存文件以及关闭文件等。

1. 文件对象

在 Python 中,文件的操作是通过文件对象来实现,使用内置函数 open()函数可以创建一个文件对象,即相当于打开了一个文件,然后可以通过该文件对象进行文件的读写等相关操作。文件对象是对文件进行操作的接口,并且提供了各种方法来执行文件操作。

在 Python 中使用 open()函数来创建文件对象,具体说明如下:

(1) open()函数语法格式:

open(file[, mode = 'r', buffering = −1, encoding = None,
errors = None, newline = None, closefd = True, opener = None])

(2) 部分参数说明:

① 方括号[ ]内参数均是可选项。

② file :要打开的文件的路径(字符串类型),也可以是一个包含文件名和模式的字符串(例如,'file.txt'、'rb')。也可以是一个文件描述符(整数类型),其中字符串路径可以使用

相对路径或者绝对路径。

③ mode：打开文件的模式，可选参数，默认为'r'（只读）。其他常见的模式有'w'（只写，会覆盖同名文件）、'a'（追加写）、'r+'（读写）、'b'（二进制模式）、't'（文本模式）。如表8.1 所示为 mode 参数的所有可能取值，具体可以参考官方文档以及下文的解释。

④ buffering：控制文件的缓冲。0 表示不缓冲，1 表示行缓冲，大于 1 表示缓冲区大小（单位为字节），如果取负值，缓冲区的大小则为系统默认。

⑤ encoding：参数 encoding 只适用于文本模式，指定对文本进行编码和解码的方式，可以使用 Python 支持的任何格式，如 GBK、utf8、CP936 等编码格式。

⑥ errors：指定编码和解码错误时的处理方式。

⑦ newline：用于控制行结束符的处理，可选参数。

⑧ closefd：控制文件描述符的关闭行为。

⑨ opener：一个自定义的函数，用于打开文件。如果指定，则必须是一个函数，接受（file, flags）作为参数，并返回一个打开的文件描述符。

（3）创建文件对象举例：

详细代码举例如下：

```
fileobiect1 = open('example.txt','r')      # 打开一个文本文件,只读模式
fileobiect2 = open('example.txt','w')      # 打开一个新文件,只写模式
fileobiect3 = open('example.bin','rb+')    # 打开一个二进制文件,读写模式
fileobiect4 = open('example.txt','a')      # 打开一个文本文件,追加写模式
```

上面创建一个名为 fileobectX 的文件对象，通过该对象可以对文件 example.txt 进行相应操作，使用均是相对路径，详见表 8.1 所示。

表 8.1　文件打开模式

序号	模式	说　　明
1	r	以只读方式打开文件：文件的指针将会放在文件的开头，默认模式
2	rb	以二进制格式打开一个文件用于只读方式：文件指针将会放在文件的开头，默认模式
3	r+	打开一个文件用于读写：文件指针将会放在文件的开头
4	rb+	以二进制格式打开一个文件用于读写：文件指针将会放在文件的开头
5	w	打开一个文件只用于写入方式：如果该文件已存在，则打开文件，并从开头开始编辑，即原有内容会被删除；如果该文件不存在，则创建新文件
6	wb	以二进制格式打开一个文件只用于写入：如果该文件已存在则打开文件，并从开头开始编辑，即原有内容会被删除；如果该文件不存在，创建新文件
7	w+	打开一个文件用于读写：如果该文件已存在则打开文件，并从开头开始编辑，即原有内容会被删除；如果该文件不存在，创建新文件
8	wb+	以二进制格式打开一个文件用于读写：如果该文件已存在，则打开文件，并从开头开始编辑，即原有内容会被删除；如果该文件不存在，创建新文件

续表

序号	模式	说　明
9	a	打开一个文件用于追加：如果该文件已存在，文件指针将会放在文件的结尾，即新的内容将会被写入到已有内容之后；如果该文件不存在，创建新文件进行内容写入操作
10	ab	以二进制格式打开一个文件用于追加：如果该文件已存在，文件指针将会放在文件的结尾；也就是说，新的内容将会被写入到已有内容之后；如果该文件不存在，创建新文件进行写入
11	a+	打开一个文件用于读写：如果该文件已存在，文件指针将会放在文件的结尾；文件打开时会是追加模式；如果该文件不存在，创建新文件用于读写
12	ab+	以二进制格式打开一个文件用于追加：如果该文件已存在，文件指针将会放在文件的结尾；如果该文件不存在，创建新文件用于读写

2. 文件对象的安全打开

在 Python 中，使用 open()函数打开文件时，如果发生错误导致程序崩溃或停止运行，此时被打开的文件就无法正常关闭，造成系统出现意外情况。最佳方法是通过 with 语句来确保文件对象在使用完毕后被安全关闭，即使发生异常也不会导致文件资源泄漏。

with 语句可以自动管理与文件有关的系统资源，不管什么原因造成程序跳出 with 语句块（即使代码引发异常），均能够确保文件正常关闭，因此，with 语句常用于文件操作、网络通信连接、数据库操作、多线程和进程同步管理等场合。with 语句的语法形式如下：

with open(filename, mode, encoding) as fp：
语句块

其中 fp 为文件对象，通过该对象实现读写文件内容等相关操作。安全地打开文件并读取内容，为代码举例如下：

```
try：
    with open('example.txt','r') as fp1：
        content = fp1.read()
        print(content)
except FileNotFoundError：
    print("文件未找到")
except IOError：
    print("文件读取错误")
```

其中 try...except 为异常处理格式。

在这个示例中，文件 example.txt 被以只读模式打开，with 语句会在代码块执行完毕后自动关闭文件，即使发生异常也会安全关闭文件。

此外，还可以定义一个函数来安全地打开文件并操作，代码举例如下：

```
def read_file(filename)：
    try：                              ＃异常处理
        with open(filename,'r') as file：
            content = file.read()
            print(content)
    except FileNotFoundError：
        print("文件未找到")
    except IOError：
        print("文件读取错误")
＃ 使用函数来读取文件
read_file('example.txt')
```

通过上述方式可以在需要时方便地调用函数来读取文件内容,并且不需要担心文件是否安全关闭的问题。

8.1.3 文件对象的属性和方法

文件正常执行 open()函数则打开文件并且返回一个可迭代的文件对象,通过文件对象的属性可以对文件进行读写等操作,Python 文件对象的常用属性有 name、mode、buffer 和 closed 四种,如表 8.2 所示。

表 8.2 文件对象的常用属性

序号	属性	说　　明
1	name	返回文件对象的文件名
2	mode	返回文件对象的打开模式
3	buffer	返回当前文件的缓冲区对象
4	closed	判断文件是否关闭,如果文件已关闭则返回 True,否则返回 False

打开文件成功后,创建一个文件对象,对文件内容的读写等操作可以通过该对象来实现,Python 中使用文件对象的方法可以实现对文件的进一步操作,表 8.3 列出常用的文件对象的方法。

表 8.3 文件对象的常用方法

方　法	描　　述	示　　例
close()	关闭文件	with open('example.txt','r') as file： file.close()
read(size = -1)	读取文件内容。可选参数 size 指定读取的字节数,默认为 -1	with open('example.txt','r') as file： content = file.read()

方　法	描　述	示　例
write(string)	将字符串写入文件	with open('new_file.txt','w') as file：file.write("Hello, World! \n")
readline(size = −1)	读取文件的一行内容。可选参数 size 指定读取的字节数，默认为 −1	with open('example.txt','r') as file：line = file.readline()
readlines(hint = −1)	读取文件所有行，以列表形式返回。可选参数 hint 指定读取的字节数，默认为 −1	with open('example.txt','r') as file：lines = file.readlines()
writelines(lines)	将列表中的所有字符串写入文件	with open('new_file.txt','w') as file：file.writelines(["This is line 1\n", "This is line 2\n"])
flush()	刷新文件缓冲	with open('example.txt','w') as file：file.write("Hello, World! \n") file.flush()
seek(offset, whence = 0)	在文件中移动文件指针，offset 指定偏移量，whence 指定起始位置，默认为 0	with open('example.txt','r') as file：file.seek(5) content = file.read()

例 8.1　以下为一个简单的 Python 文件读取示例，演示打开文件并按行读取文件内容。

```
with open('example.txt','r') as file：        # 打开文件
    for line in file：                        # 逐行读取文件内容
        print(line.strip())                   # 输出每一行内容(去除末尾的
                                                 换行符)
```

在这个示例中：

(1) open('example.txt','r') 打开名为 'example.txt' 的文件，使用读取模式('r')。

(2) with 语句创建了一个文件上下文管理器，自动管理文件的打开和关闭。

(3) for line in file：通过迭代文件对象，逐行读取文件内容。

(4) print(line.strip()) 输出每一行内容，使用 strip() 方法移除每行末尾的换行符。

(5) 请确保将 'example.txt' 替换为实际要读取的文件路径。这段代码将适用于任何文本文件，包括 .txt、.csv 等。

例 8.2　下面是一个简单的 Python 文件写入示例，演示了如何打开文件并向其中写入内容。

```
with open('example.txt','w') as file:       # 打开文件
    file.write('Hello, World! \n')           # 写入内容到文件
    file.write('This is a test.\n')
```

在这个示例中：

（1）open('example.txt','w')打开名为'example.txt'的文件，使用写入模式('w')。如果文件不存在，则创建新文件；如果文件已存在，则覆盖原有内容。

（2）with 语句创建了一个文件上下文管理器，自动管理文件的打开和关闭。

（3）file.write('Hello, World! \n')向文件中写入字符串'Hello, World! '，并在末尾添加换行符。

（4）file.write('This is a test.\n')向文件中写入字符串'This is a test.'，并在末尾添加换行符。

例 8.3　　以下为一个综合的 Python 文件读写示例，演示读取一个文件中的内容，对内容进行处理，然后将处理后的结果写入另一个文件。

```
with open('input.txt','r') as input_file:    # 打开输入文件
    input_content = input_file.read()         # 读取输入文件内容
processed_content = input_content.upper()     # 处理输入文件内容(这里简单
                                              #   地将每个单词转换为大写)

with open('output.txt','w') as output_file:   # 打开输出文件
    output_file.write(processed_content)      # 将处理后的内容写入输出文件
with open('output.txt','r') as file:          # 输出文件内容
    for line in file:                         # 逐行读取文件内容
        print(line.strip())                   # 输出每一行内容(去除末尾的
                                              #   换行符)
```

运行结果：

AAAAA
BBBB
CCCCC
DDDD
EEEE

在这个示例中，有如下几点需要注意：

（1）使用 open('input.txt','r')打开名为'input.txt'的输入文件，使用读取模式。

（2）使用 read()方法读取输入文件的内容，并将其存储在 input_content 变量中。

（3）对输入文件的内容进行处理，这里简单地将每个单词转换为大写，并将结果存储在 processed_content 变量中。

（4）使用 open('output.txt','w')打开名为'output.txt'的输出文件，使用写入模式。如果文件不存在，则创建新文件；如果文件已存在，则覆盖原有内容。

（5）使用 write()方法将处理后的内容写入输出文件。

（6）请确保将'input.txt'替换为实际要读取内容的文件路径，'output.txt'替换为实际

要写入内容的文件路径。代码将读取一个文件中的内容,对内容进行处理,然后将处理后的结果写入另一个文件。

8.1.4　文件内容操作范例

当涉及文件操作时,Python 提供了很多灵活且强大的功能。以下是一些精彩的文件操作示例:

(1)逐行读取文件并统计行数、单词数和字符数。

```python
def analyze_file(file_path):        #自定义函数
    lines = 0
    words = 0
    characters = 0
    with open(file_path,'r') as file:
        for line in file:
            lines += 1
            words += len(line.split())
            characters += len(line)
    print("Lines:", lines)
    print("Words:", words)
    print("Characters:", characters)
analyze_file('example.txt')         #调用自定义函数,需要预先创建好 exam-
ple.txt 文件
```

运行结果:

Lines:5

Words:4

Characters:39

(2)复制文件。

```python
def copy_file(source_file, destination_file):
    with open(source_file,'rb') as source:
        with open(destination_file,'wb') as destination:
            destination.write(source.read())
            return True
if copy_file('source.txt','destination.txt'):
    print("文件复制成功!")
```

(3)查找文件中包含特定字符串的行。

```python
def find_string_in_file(file_path, target_string):      #自定义函数
    with open(file_path, 'r') as file:
        for line_number, line in enumerate(file, start=1):
            if target_string in line:
                print(f"Found'{target_string}'in line {line_number}:{
line.strip()}")
find_string_in_file('example3.txt', 'Python')      #调用自定义函数
```

运行结果:

Found'Python'in Line 2:Python

(4) csv 文件的读操作。

```python
import csv        #导入标准库
def analyze_csv(csv_file):    #自定义函数
    with open(csv_file, 'r') as file:
        reader = csv.reader(file)
        headers = next(reader)
        data = [row for row in reader]
    print("Headers:", headers)
    print("Data:")
    for row in data:
        print(row)
analyze_csv('data.csv')    #调用自定义函数
```

运行结果:

Headers:['aaa','788','hfahifa']
Data:
['bbb','889','khkhfa']
['ccc','987','jkfajfafs']

(5) 逐行写入文件并在每行开头添加行号。

```python
def add_line_numbers(source_file, destination_file):    #自定义函数
    with open(source_file, 'r', encoding='utf-8') as source:
        with open(destination_file, 'w') as destination:
            for i, line in enumerate(source, start=1):
                destination.write(f"{i}:{line}")
add_line_numbers('source.txt', 'numbered.txt')    #调用自定义函数
with open('source.txt', 'r', encoding='utf-8') as file:    #按行读出显示文
                                                                    件内容
```

```
for line in file：
    print(line.strip())　　# strip() 用于移除行末尾的换行符
```

运行结果：

青岛科技大学
信息科学技术学院
Hello Python!
Python 语言!

打开文件 source.txt，显示结果如图 8.4 所示。

图 8.4　打开源文件查看内容

　　enumerate() 是 Python 内置函数之一，用于迭代序列（如列表、元组、字符串等）时，同时返回每个元素的索引及其对应的值。它通常与循环结合使用，特别是在需要同时访问元素索引和值时非常方便。

　　上述五个例子展示了如何利用 Python 进行各种文件操作，包括读取、写入、复制、搜索和处理不同类型的文件。这些功能使得 Python 成为处理文件和数据的强大工具。

8.2　文件夹操作

　　文件夹是存放文件的虚拟空间，在计算机中，文件夹用来协助人们管理一组相关文件的集合。文件夹中可以包括文件和子文件夹，文件夹的组织结构又称为文件的目录结构，目前常用的目录结构都是倒置的树状结构。

　　在 Python 中，对文件夹（目录）进行操作通常涉及使用 os 模块或 pathlib 模块。这些模块提供了许多函数和方法，用于创建、删除、遍历和操作文件夹。

1. os 模块

　　os 模块是 Python 中一个非常有用的内置模块，它允许用户与操作系统进行交互。以下是 os 模块中一些常用的功能和方法：

　　（1）文件和目录操作。如表 8.4 所示。

表 8.4 文件和目录操作

序号	属 性	说 明
1	os.listdir(path='.')	返回指定目录下的所有文件和子目录的列表
2	os.mkdir(path, mode=0o777, *, dir_fd=None)	创建一个新目录
3	os.makedirs(name, mode=0o777, exist_ok=False)	递归创建多级目录
4	os.remove(path, *, dir_fd=None)	删除一个文件
5	os.rmdir(path, *, dir_fd=None)	删除指定目录(必须为空目录)
6	os.removedirs(path)	递归删除目录
7	os.rename(src, dst, *, src_dir_fd=None, dst_dir_fd=None)	重命名文件或目录
8	os.path.exists(path)	检查指定路径(文件或目录)是否存在

(2) 路径操作。如表 8.5 所示。

表 8.5 路径操作

序号	属 性	说 明
1	os.path.join(path1[, path2[, ...]])	将各个路径组合成一个
2	os.path.abspath(path)	返回绝对路径
3	os.path.dirname(path)	返回路径的目录名
4	os.path.basename(path)	返回路径的基本名称(文件名或最后一个目录名)
5	os.path.exists(path)	检查路径是否存在
6	os.path.isdir(path)	检查路径是否是一个目录
7	os.path.isfile(path)	检查路径是否是一个文件
8	os.path.splitext(path)	分割路径的扩展名和其余部分

(3) 进程管理。如表 8.6 所示。

表 8.6 进程管理

序号	属 性	说 明
1	os.fork()	创建一个子进程(仅在类 Unix 系统上可用)
2	os.kill(pid, sig)	发送信号给指定的进程
3	os.getpid()	获取当前进程的进程 ID
4	os.getppid()	获取当前进程的父进程 ID
5	os.system(command)	在子 shell 中执行操作系统命令

这只是 os 模块提供的一小部分功能,还有很多其他功能可以帮助用户与操作系统进行交互。

2. pathlib 模块

pathlib 模块是 Python 3.4 引入的一个模块,用于处理文件系统路径。相比于 os.path 模块,pathlib 提供了更为面向对象的 API,使得路径操作更加直观和简洁。以下是一些 pathlib 模块中常用的功能和方法:

(1) 创建路径对象。Path('path/to/file'):创建一个路径对象。

(2) 路径操作如表 8.7 所示。

表 8.7　路径操作

序号	属　　　性	说　　　明
1	pathlib. Path. cwd()	获取当前工作目录的路径对象
2	pathlib. Path. home()	获取当前用户的主目录路径对象
3	pathlib. Path. resolve()	获取路径的绝对路径
4	pathlib. Path. joinpath(* other)	拼接路径
5	pathlib. Path. parent	获取路径的父目录
6	pathlib. Path. name	获取路径的基本名称(文件名或最后一个目录名)
7	pathlib. Path. suffix	获取路径的后缀
8	pathlib. Path. stem	获取路径的主干部分(没有后缀的文件名)

(3) 文件和目录操作如表 8.8 所示。

表 8.8　文件和目录操作

序号	属　　　性	说　　　明
1	pathlib. Path. mkdir(mode = 0o777, parents = False, exist_ok = False)	创建目录
2	pathlib. Path. rmdir()	删除目录
3	pathlib. Path. unlink()	删除文件
4	pathlib. Path. touch(mode = 0o666, exist_ok = True)	创建文件

(4) 迭代和过滤如表 8.9 所示。

表 8.9　迭代和过滤

序号	属　　　性	说　　　明
1	pathlib. Path. iterdir()	返回目录中的所有子项目(文件和目录)
2	pathlib. Path. glob(pattern)	返回符合指定模式的所有路径对象
3	pathlib. Path. rglob(pattern)	递归地返回符合指定模式的所有路径对象

使用 pathlib 可以更加方便地进行路径操作,并且代码更易读,代码举例如下:

```
from pathlib import Path                              # 创建路径对象
p = Path('/path/to/file.txt')                         # 获取文件名和后缀
print(p.name)                                         # 'file.txt'
print(p.suffix)                                       # '.txt'
p.parent.mkdir(parents=True, exist_ok=True)           # 创建目录
p.write_text('Hello, world!')                         # 写入文件
content = p.read_text()                               # 读取文件
print(content)                                        # 'Hello, world!'
```

3. 文件夹操作知识点

下面是对文件夹操作的主要知识点，以及详细的示例说明：

（1）创建文件夹。

使用 os.mkdir() 函数或 pathlib.Path.mkdir() 方法可以创建新的文件夹。

使用 os.mkdir() 代码举例：

```
import os
os.mkdir('my_folder')           # 创建文件夹
```

使用 pathlib.Path.mkdir() 代码举例：

```
from pathlib import Path
Path('my_folder').mkdir()           # 创建文件夹
```

（2）删除文件夹。

使用 os.rmdir() 函数或 pathlib.Path.rmdir() 方法可以删除指定的文件夹。

使用 os.rmdir() 代码举例：

```
import os
os.rmdir('my_folder')           # 删除文件夹
```

使用 pathlib.Path.rmdir() 代码举例：

```
from pathlib import Path
Path('my_folder').rmdir()           # 删除文件夹
```

（3）遍历文件夹。

使用 os.listdir() 函数或 pathlib.Path.iterdir() 方法可以遍历文件夹中的文件和子文件夹。

使用 os.listdir() 代码举例：

```
import os
for item in os.listdir('my_folder'):        # 遍历文件夹
    print(item)
```

使用 pathlib. Path. iterdir() 代码举例：

```
from pathlib import Path
for item in Path('my_folder').iterdir():        # 遍历文件夹
    print(item.name)
```

（4）检查文件夹是否存在。

使用 os. path. exists() 函数或 pathlib. Path. exists() 方法可以检查指定的文件夹是否存在。

使用 os. path. exists() 代码举例：

```
import os
if os.path.exists('my_folder'):        # 检查文件夹是否存在
    print('文件夹存在')
else:
    print('文件夹不存在')
```

使用 pathlib. Path. exists() 代码举例：

```
from pathlib import Path
if Path('my_folder').exists():        # 检查文件夹是否存在
    print('文件夹存在')
else:
    print('文件夹不存在')
```

本章小结

（1）在 python 中文件可以划分为文本文件和二进制文件两种类型；

（2）文本文件习惯上是指以 ASCII 码方式存储的文件，因此又称 ASCII 码文件，通常文本文件的扩展名为.txt；

（3）使用 Python 内置函数 open() 可以用指定模式打开文件并且创建该文件对象，使用这个文件对象能够完成各项文件操作；

（4）Python 中标准库提供了 os 模块、pathlib 模块实现文件夹的有关操作。

 本章习题

填空题
（1）文本文件习惯上的扩展名为_____。

（2）Python 源代码程序也是文本文件，其扩展名为_____。

（3）_____语句可以自动管理与文件有关的系统资源，不管什么原因造成程序跳出该语句块，均能够确保文件正常关闭。

（4）_____模块提供了大量用于路径判断、切分、连接以及文件遍历的方法。

（5）_____是一种轻量级的数据交换格式，在 Python 数据处理中得到广泛应用。

简答题

（1）什么是二进制文件？

（2）什么是文本文件？

（3）文件对象的常用属性有哪些？

（4）Python 中标准库提供了哪些模块用于实现文件和文件夹的有关操作？简述各个模块。

编程题

（1）编写程序，用户输入一个目录和一个文件名，搜索该目录及其子目录中是否存在该文件。

（2）将当前目录的所有扩展名为".html"的文件修改为扩展名为".htm"的文件。

（3）编写程序，在 D 盘根目录下创建一个文本文件 test.txt，并向其中写入字符串"Hello world!"，并且输出验证。

第9章　面向对象的程序设计

学习目标

（1）掌握类与对象的概念和使用方法。

（2）掌握继承和多态的概念和使用方法。

（3）掌握类的封装方法。

（4）熟悉 Python 类的其他特性。

（5）会使用面向对象程序设计方法设计开发程序。

知识准备

Python 是一种多范式编程语言，以其简洁、易读和灵活的语法而闻名。其支持面向对象编程（OOP）和函数式编程（FP），其中面向对象编程（Object-Oriented Programming，OOP）是其核心编程范式之一。通过面向对象的程序设计，开发人员能够更有效地组织和管理代码，提高代码的可读性、可维护性和可重用性。本章将深入探讨 Python 面向对象编程的基本概念，并通过实例来演示这些概念的应用。

9.1　类　与　对　象

类（Class）是对象的蓝图或模板，用于创建对象。它定义了对象的属性和方法；而对象（Object）是类的实例，具有类定义的属性和行为。

1. 类的定义

在 Python 中，定义一个类需要使用关键字 class，后面跟着类的名称，然后是一个冒号"："。类的主体包含类的属性和方法的定义。基本语法如下所示：

```
class ClassName：
            # 属性定义
    attribute1 = value1
    attribute2 = value2
            # 方法定义
```

```
        def method1(self, parameters):
                    ♯ 方法体
            pass
        def method2(self, parameters):
                    ♯ 方法体
            pass
```

其中有如下几点说明：

(1) ClassName 是类的名称，按照 Python 命名约定，通常使用驼峰命名法。

(2) 类的属性是类的数据成员，定义了对象的特征或状态。

(3) 类的方法是类的函数成员，定义了对象的行为或动作；

(4) 在方法中的第一个参数 self 是一个特殊参数，用来引用对象自身。

详细代码举例如下：

```
    class Person：
                    ♯ 初始化方法,用于设置对象的属性
        def __init__(self, name, age)：
            self.name = name
            self.age = age
                    ♯ 方法,用于描述对象的行为
        def say_hello(self)：
            print(f"Hello, my name is {self.name} and I'm {self.age} years
old.")
```

在上面的例子中，Person 类有两个属性 name 和 age，以及一个方法 say_hello()。属性 name 和 age 用于描述人的特征，而 say_hello()方法用于描述人的行为。

2. 对象

了解 Python 类的对象的知识对于理解面向对象编程是至关重要的。在 Python 中，类是对象的蓝图，而对象则是类的实例。以下是关于 Python 类的对象的一些基本知识。

(1) 创建对象。对象是通过调用类来创建的。在创建对象时，类的初始化方法 __init__() 会被自动调用，用于初始化对象的属性，举例如下：

```
    class Person：
        def __init__(self, name, age)：
            self.name = name
            self.age = age
                    ♯ 创建 Person 类的对象
    person1 = Person("Alice", 30)
    person2 = Person("Bob", 25)
```

(2) 访问对象的属性和方法。可以使用点操作符来访问对象的属性和方法，举例如下：

```
# 访问对象的属性
print(person1.name)      # 输出：Alice
print(person2.age)       # 输出：25
# 调用对象的方法
person1.say_hello()      # 输出：Hello, my name is Alice and I'm 30 years
                           old.
```

（3）每个对象都是独立的。每个对象都有自己独立的内存空间，并且可以拥有不同的属性值，举例如下：

```
person1.name = "Carol"
print(person1.name)    # 输出：Carol
print(person2.name)    # 输出：Alice
```

（4）对象的标识。每个对象都有一个唯一的标识符，可以使用 id() 函数获取，举例如下：

```
print(id(person1))
print(id(person2))
```

通过了解类的对象，可以更好地理解如何使用类和对象来构建复杂的程序，并实现面向对象编程的各种特性，如封装、继承和多态。

3. 继承和多态

继承是面向对象编程的重要概念，它允许一个类（子类）继承另一个类（父类）的属性和方法。通过继承，子类可以继承父类的属性和方法，并且可以添加新的属性和方法。

多态性允许不同类的对象对相同的消息作出不同的响应，举例如下：

```
# 父类
class Animal:
    def speak(self):
        pass
    # 子类继承父类
class Dog(Animal):
    def speak(self):
        print("Woof!")
class Cat(Animal):
    def speak(self):
        print("Meow!")
    # 多态性
def make_speak(animal):
    animal.speak()
```

```
                # 创建不同类的对象
    dog = Dog()
    cat = Cat()
                # 调用方法,产生不同的行为
    make_speak(dog)  # 输出:Woof!
    make_speak(cat)   # 输出:Meow!
```

4. 类的封装

封装是面向对象编程中的一个重要概念,它指的是将数据和操作封装在类的内部,外部只能通过类的接口来访问数据和执行操作,而不能直接访问类的内部实现细节。Python 中的封装通过属性和方法的访问权限控制来实现。以下是关于 Python 类的封装的一些知识:

(1) 私有属性和方法。在 Python 中,可以使用双下划线 __ 开头的属性和方法来表示私有属性和方法,即只能在类的内部访问,外部无法直接访问, 举例如下:

```
class Person:
    def __init__(self, name, age):
        self.__name = name          # 私有属性
        self.__age = age            # 私有属性
    def __private_method(self):     # 私有方法
        pass
```

(2) 访问私有属性和方法。尽管外部无法直接访问私有属性和方法,但可以通过类的公有方法来间接访问,举例如下:

```
class Person:
    def __init__(self, name, age):
        self.__name = name
        self.__age = age
    def get_name(self):             #公有方法
        return self.__name
    def set_age(self, age):         #公有方法
        if age > 0:
            self.__age = age
        else:
            print("Age must be positive.")
            # 创建对象
person = Person("Alice", 30)
            # 通过公有方法访问私有属性
print(person.get_name())  # 输出:Alice
            # 通过公有方法修改私有属性
```

```
person. set_age(35)
```

（3）属性和方法的命名约定。在 Python 中，如果属性或方法以单下划线 _ 开头，表示它们是受保护的，不应该在类的外部直接访问，但这只是一种约定，Python 并不会强制限制访问。如果属性或方法以双下划线 __ 开头，表示它们是私有的，外部无法直接访问，举例如下：

```
class Person：
    def __init__(self, name, age)：
        self._name = name            # 受保护的属性
        self.__age = age             # 私有属性
```

封装提供了类的内部实现和外部接口之间的隔离，使得类的实现细节可以更加安全和可靠。通过封装，可以隐藏对象的内部状态，减少了代码的耦合性，提高了代码的可维护性和安全性。

5. Python 类的其他特性

除了继承、多态和封装之外，Python 中的类还具有其他一些重要特性，这些特性使得面向对象编程更加灵活和强大。以下是一些其他常见的 Python 类特性：

（1）类方法和静态方法。类方法是与类相关联的方法，而静态方法是在类中定义的普通函数，与类相关联但与类的实例无关，举例如下：

```
class MyClass：
    @classmethod              # 类方法
    def class_method(cls)：
        pass
    @staticmethod             # 静态方法
    def static_method()：
        pass
```

（2）属性装饰器。属性装饰器允许在类中定义属性，并且可以对属性的访问进行控制和验证，举例如下：

```
class Person：
    def __init__(self, name)：
        self._name = name    # 受保护的属性
    @property
    def name(self)：
        return self._name
    @name.setter
    def name(self, value)：
        if isinstance(value, str)：
```

```
            self._name = value
    else：
            raise ValueError("Name must be a string. ")
```

这些是 Python 类的一些其他重要特性,使得面向对象编程更加灵活和强大,能够更好地组织和管理代码。

9.2　综　合　案　例

下面列出 2 个 Python 面向对象程序设计的精彩案例,并提供参考代码。

案例 9.1　　设计一个图书馆管理系统。

图书馆管理系统实现代码如下:

```
            #图书馆管理系统
class Book：                    #定义类
    def __init__(self, title, author)：
        self.title = title
        self.author = author
        self.is_borrowed = False
    def borrow(self)：
        if not self.is_borrowed：
            self.is_borrowed = True
            print(f"Book '{self.title}' by {self.author} has been borrowed. ")
        else：
            print(f"Sorry, the book '{self.title}' is already borrowed. ")
    def return_book(self)：
        if self.is_borrowed：
            self.is_borrowed = False
            print(f"Book '{self.title}' by {self.author} has been returned. ")
        else：
            print(f"Error! The book '{self.title}' is not borrowed. ")
class Library：                  #定义类
    def __init__(self)：
        self.books = []
    def add_book(self, book)：
        self.books.append(book)
```

```python
    def display_books(self):
        print("已经在图书馆中的书：")
        for book in self.books:
            print(f"- {book.title} by {book.author}")
book1 = Book("Python 程序设计基础", "任志考")    # 创建图书对象
book2 = Book("Python 程序设计实践教程", "任志考")
library = Library()                         # 创建图书馆对象
library.add_book(book1)                     # 添加图书到图书馆
library.add_book(book2)
library.display_books()                     # 展示图书馆中的图书
book1.borrow()                              # 借阅图书
book2.borrow()
library.display_books()                     # 再次展示图书馆中的图书
book1.return_book()                         # 归还图书
library.display_books()                     # 再次展示图书馆中的图书
```

运行结果：

```
    - Python 程序设计基础 by 任志考
    - Python 程序设计实践教程 by 任志考
Book 'Python 程序设计基础' by 任志考 has been borrowed.
Book 'Python 程序设计实践教程' by 任志考 has been borrowed.
已经在图书馆中的书：
    - Python 程序设计基础 by 任志考
    - Python 程序设计实践教程 by 任志考
Book 'Python 程序设计基础' by 任志考 has been returned.
已经在图书馆中的书：
    - Python 程序设计基础 by 任志考
    - Python 程序设计实践教程 by 任志考
```

案例 9.2　简易版游戏开发（贪吃蛇）

```python
    def __init__(self):
        self.snake = Snake()
        self.food = Food()
    def display(self):
        for y in range(10):
            for x in range(10):
                if (x, y) == self.snake.body[0]:
                    print("O", end=" ")
                elif (x, y) == self.food.position:
```

```
                    print("F", end = " ")
             elif (x, y) in self.snake.body[1:]:
                    print("X", end = " ")
             else:
                    print(".", end = " ")
        print()
    def play(self):
        self.display()
        while True:
            direction = input("Enter direction (WASD): ")
            if direction.lower() == "w":
                self.snake.change_direction((-1, 0))
            elif direction.lower() == "a":
                self.snake.change_direction((0, -1))
            elif direction.lower() == "s":
                self.snake.change_direction((1, 0))
            elif direction.lower() == "d":
                self.snake.change_direction((0, 1))
            self.snake.move()
            if self.snake.body[0] == self.food.position:
                self.food.position = (
                    random.randint(0, 9), random.randint(0, 9))
            else:
                self.snake.body.pop()
            self.display()
game = Game()
game.play()          # 游戏开始
```

运行结果如图 9.1 所示：

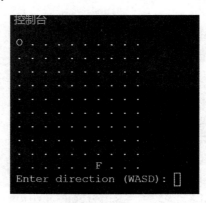

图 9.1 贪吃蛇游戏运行界面

这两个例子展示了 Python 中面向对象编程的应用,包括图书馆管理系统和简易版游戏(贪吃蛇)开发。通过这些示例,可以看到如何使用类和对象来组织和管理复杂的数据和逻辑,以及如何利用面向对象编程来实现各种各样的应用程序。

本章小结

(1) 面向对象的程序设计技术的三大要素:继承、封装和多态。

(2) 类与对象的产生:

① 在现实世界中:先有对象,后有类;

② 在程序中:先定义类,后调用类来产生对象。

(3) 数据成员包括属于类的数据成员和属于对象的数据成员两种类型。

(4) 定义类的成员时候,以两个下划线开头并且不以两个或更多个下划线结束,则表示该成员是私有成员。

(5) 一般情况在类的外部不能直接访问私有成员,但是可以通过特殊方法访问,即"对象名._类名_私有成员名"形式访问,不推荐使用。

(6) 要区分函数和方法的本质区别。

(7) 所有实例方法都必须至少有一个名为"self"的参数,并且是第一个参数。

(8) 属性是一种特殊形式的成员方法,结合了公开数据成员和成员方法两者的优点。

 本章习题

选择题

(1) 类是实现代码复用和软件程序设计复用的一个重要方法,_____是面向对象程序设计的三个要素。(　　)

　A. 封装、继承、多态　　　　　　　　　　B. 类、继承、多态

　C. 文件、继承、多态　　　　　　　　　　D. 封装、继承、遗传

(2) 在面向对象的程序设计中,_____是组成程序的基本模块。(　　)

　A. 类　　　　　　B. 对象　　　　　　C. 实例　　　　　　D. 成员方法

(3) 数据成员是用来说明对象特有的_____,比如:姓名、年龄、身高、学历等。(　　)

　A. 方法　　　　　　B. 函数　　　　　　C. 模块　　　　　　D. 属性

简答题

(1) 面向对象程序设计的基本要素有哪些?

(2) 什么是多态? 简述之。

名词解释

(1) 面向对象程序设计。

(2) 类。

(3) 对象。

(4) 继承。

(5) 多态。

(6) 私有成员。

第 10 章　Python 程序设计实例

学习目标

(1) 熟悉 Python 在微电子行业中的应用,学会晶圆处理方法。

(2) 熟悉 Python 在数据处理中的应用。

(3) 熟悉 Python 在人工智能中的应用。

(4) 了解 Python 在机器人设计中的简单应用。

知识准备

10.1　晶圆处理实例

微电子封装测试流程复杂,按照顺序依次为晶圆减薄、晶圆切割、芯片贴装、引线焊接、注塑、激光打字、高温固化、去毛边飞刺、性能测试。整个过程需要使用多种工艺和设备才能完成,每一个流程都关系到最终芯片的性能。微电子封装中晶圆边缘检测的目的是确保晶圆的边缘质量符合封装要求,防止因边缘缺陷导致封装失败或性能下降。具体来说,晶圆边缘检测可以检查出晶圆边缘的破损、裂缝、毛刺等缺陷,这些缺陷可能会影响芯片封装过程中的粘接、密封等步骤,导致封装后的芯片出现漏气、失效等问题。现阶段该流程主要在单晶硅晶圆上进行,晶圆边缘检测可以有效预防污染,提高产品良率,有利于优化工艺参数并有效降低生产成本。因此,晶圆边缘检测在封装测试中具有非常重要的意义。

实例1　使用 Python 语言实现晶圆边缘检测。

(1) 安装 opencv - python 和 numpy 库。

使用 pip 命令安装,命令如下:

```
pip install opencv - python numpy
```

(2) 晶圆边缘检测程序实现。

代码如下:

```python
import cv2
import numpy as np
def detect_wafer_edge(image_path)：
        # 读取图像
image = cv2.imread(image_path, cv2.IMREAD_GRAYSCALE)
        # 使用高斯模糊减少图像噪声
blurred = cv2.GaussianBlur(image, (5, 5), 0)
        # 使用 Canny 边缘检测
edges = cv2.Canny(blurred, 50, 150)
        # 查找轮廓
contours, _ = cv2.findContours(edges.copy(), cv2.RETR_EXTERNAL,
cv2.CHAIN_APPROX_SIMPLE)
        # 假设最大的轮廓是晶圆的边缘
wafer_edge = max(contours, key = cv2.contourArea)
        # 计算晶圆的中心和半径
M = cv2.moments(wafer_edge)
if M["m00"] != 0：
    cX = int(M["m10"] / M["m00"])
    cY = int(M["m01"] / M["m00"])
else：
    cX, cY = 0, 0
        # 使用最小包围圆来近似晶圆
(x, y), radius = cv2.minEnclosingCircle(wafer_edge)
center = (int(x), int(y))
radius = int(radius)
        # 在原始图像上绘制晶圆边缘和中心
cv2.circle(image, center, radius, (0, 255, 0), 2)
cv2.circle(image, (cX, cY), 5, (0, 0, 255), -1)
        # 显示结果
cv2.imshow("Wafer Edge Detection", image)
cv2.waitKey(0)
cv2.destroyAllWindows()
        # 调用函数,"path_to_your_wafer_image.jpg"替换为你的晶圆图
            像的路径
detect_wafer_edge("path_to_your_wafer_image.jpg")
```

【分析】　　程序首先使用 OpenCV 库读取了晶圆图像,并将其转换为灰度图像。然后使用高斯模糊算法对图像进行平滑处理,以减少噪声的影响。接下来使用 Canny 边缘检测算法检测出晶圆边缘。最后使用 OpenCV 的 imshow 函数显示结果。

10.2　数据处理应用实例

Python 在数据处理方面有丰富的应用场景,特别是在数据科学、数据分析和机器学习领域。

实例2　一个 Python 程序设计的数据处理应用。

假设有一个包含销售数据的 CSV 文件,其中包含了商品名称和销售额等信息。程序读取 CSV 文件,并使用 groupby 函数将数据按照商品进行分组,然后使用 sum 函数计算每个商品的销售总额。最后,程序输出每个商品的销售总额。

程序实现代码如下:

```python
            # 导入所需的库
import pandas as pd
            # 读取 CSV 文件
data = pd.read_csv('data.csv')
            # 数据处理
            # 示例:计算每个商品的总销售额
total_sales = data.groupby('商品')['销售额'].sum()
            # 输出结果
print(total_sales)
```

【分析】　用户可以根据需求进行修改和扩展代码,例如使用不同的数据处理方法,添加更多的数据处理逻辑等。

实例3　一个简单的 RC 滤波器电路的仿真实现。

【分析】　此题需要使用 Python 中的电路仿真工具函数库 SpicePy。SpicePy 是在 Python 扩展库可以用于电路仿真、支持 SPICE(Simulation Program with Integrated Circuit Emphasis)的语法。

实现题目要求,需要首先定义一个简单的 RC 滤波器电路的 netlist,包括一个 $1k\Omega$ 的电阻和一个 $1\mu F$ 的电容。然后,使用 cir 函数仿真这个电路,并运行仿真以获取输出电压。

程序实现代码如下:

```python
from spiceypy import netlist as ntl
from spiceypy import new as cir
            # 创建一个简单的 RC 滤波器电路的 netlist
netlist = """
* RC Filter Circuit
```

```
R1 in out 1k
C1 out 0 1u
Vin in 0 DC 1
"""
            # 仿真电路
cir(netlist)
            # 运行仿真
ntl()
            # 获取仿真结果
print("Output voltage：")
print(cir('V(out)'))
```

10.3　人工智能实例

神经网络和人工智能的关系是密不可分的。神经网络是人工智能的一种重要实现方式，而人工智能则是神经网络应用的广泛领域。

实例 4　使用自定义的神经网络对鸢尾花（Iris）数据集进行分类。鸢尾花数据集是一个常用的机器学习数据集，包含 3 个类别的 150 个样本，每个样本有 4 个特征。

程序实现代码如下：

```
import tensorflow as tf
from sklearn.datasets import load_iris
from sklearn.model_selection import train_test_split
from sklearn.preprocessing import StandardScaler
from sklearn.metrics import accuracy_score
# 加载数据
iris = load_iris()
X = iris.data
y = iris.target
# 数据预处理：独热编码和标准化
y_onehot = tf.keras.utils.to_categorical(y, num_classes=3)
X_train, X_test, y_train, y_test = train_test_split(X, y_onehot, test_size=0.2,
random_state=42)
scaler = StandardScaler()
X_train = scaler.fit_transform(X_train)
```

```python
X_test = scaler.transform(X_test)
# 转换为 TensorFlow 张量
X_train = tf.convert_to_tensor(X_train, dtype=tf.float32)
X_test = tf.convert_to_tensor(X_test, dtype=tf.float32)
y_train = tf.convert_to_tensor(y_train, dtype=tf.float32)
y_test = tf.convert_to_tensor(y_test, dtype=tf.float32)
# 定义模型
model = tf.keras.Sequential([
    tf.keras.layers.Dense(10, activation='relu', input_shape=(4,)),
    tf.keras.layers.Dense(10, activation='relu'),
    tf.keras.layers.Dense(3, activation='softmax')
])
# 编译模型
model.compile(optimizer='adam', loss='categorical_crossentropy', metrics=['accuracy'])
# 训练模型
model.fit(X_train, y_train, epochs=100)
# 评估模型
y_pred = model.predict(X_test)
y_pred_classes = tf.argmax(y_pred, axis=1)
y_test_classes = tf.argmax(y_test, axis=1)
accuracy = accuracy_score(y_test_classes.numpy(), y_pred_classes.numpy())
print(f'Accuracy：{accuracy}')
```

运行结果如图 10.1 所示：

```
4/4 [==============================] - 0s 870us/step - loss: 0.3545 - accuracy: 0.8750
Epoch 93/100
4/4 [==============================] - 0s 517us/step - loss: 0.3513 - accuracy: 0.8917
Epoch 94/100
4/4 [==============================] - 0s 559us/step - loss: 0.3481 - accuracy: 0.9000
Epoch 95/100
4/4 [==============================] - 0s 602us/step - loss: 0.3448 - accuracy: 0.9000
Epoch 96/100
4/4 [==============================] - 0s 640us/step - loss: 0.3415 - accuracy: 0.9000
Epoch 97/100
4/4 [==============================] - 0s 587us/step - loss: 0.3383 - accuracy: 0.9000
Epoch 98/100
4/4 [==============================] - 0s 617us/step - loss: 0.3352 - accuracy: 0.9000
Epoch 99/100
4/4 [==============================] - 0s 595us/step - loss: 0.3322 - accuracy: 0.9000
Epoch 100/100
4/4 [==============================] - 0s 713us/step - loss: 0.3289 - accuracy: 0.9083
Accuracy: 0.9333333333333333

Process finished with exit code 0
```

图 10.1　神经网络进行鸢尾花分类结果展示

【分析】　这个例子使用了简单的全连接神经网络,并使用了一个简单的激活函数(ReLU)和一个简单的优化器(Adam),最终在测试集上评估模型的性能达到了 93.33%。由于鸢尾花数据集是一个相对简单的数据集,因此即使是一个简单的神经网络模型也应该能够取得相当高的准确率。对于更复杂的任务,可尝试使用更复杂的网络结构,选择不同优化器,学习率等参数,以及采用更高级的训练技巧,这些都会极大影响模型的性能。

10.4　机器人应用案例

和其他的计算机系统一样,机器人也是由硬件和软件构成的。一个机器人所具有的软件和硬件的类型取决于它的用途和它的设计者,所有机器人都具有的 3 类部件。

(1) 控制系统:控制系统是机器人的核心部件,与其他所有需要进行控制的部件相连接。控制系统通常是一个微控制器或者微处理器,其性能取决于具体的机器人。

(2) 执行器:执行器是机器人用来对外部环境进行改造的部件,例如用来驱动机器人的电机、用来发声的扬声器等。

(3) 传感器:这类部件负责获取信息,以便机器人在获得这些信息的基础上进行适当的输出。所获信息可以是关于机器人内部状态的,也可以是关于其外部环境的。

机器人应用和程序的实现有很多不同的方式,使用 Python 可以开发出想要的功能,例如让机器人在识别到人时简单打个招呼,让机器人在"听到"音乐时跳舞等。下面将以一个简单的实例说明。

实例 5　使用 Python 计算轮子走过的距离。

这个实例实现一个简单的 Python 函数,该函数是一个计算步骤计算轮子走过距离的函数。详细程序实现代码如下:

```
from math import pi
def wheel_distance(diameter, encoder, encoder_time, wheel, movement_time):
    time = movement_time/encoder_time
    wheel_encoder = wheel * time
    wheel_distance = (wheel_encoder * diameter * pi)/encoder
    return wheel_distance
wheel distance(10,76,5,400,5)
```

程序运行结果:
$$Out[1]:165.34698176788385$$

程序实现说明:

(1) 导入所需的库。这里需要用到库函数:

```
π:from math import pi
```

(2) 创建带参数的函数。计算轮子走过的距离时,需要用到以下参数:

① diameter：轮子直径（以厘米为单位）；
② encoder：编码器每圈计数；
③ encoder_time：用来测量编码器计数的秒数；
④ wheel：轮子编码器在给定秒数内的计数；
⑤ movement_time：移动总时长。
函数代码如下：

```
def wheel_distance(diameter, encoder, encoder_time, wheel, movement_time)
```

（3）计算编码器测量的距离。函数代码如下：

```
time = movement_time / encoder_time
wheel_encoder = wheel * time
```

（4）使用编码器测量的距离计算轮子走过的距离。函数代码如下：

```
wheel_distance = (wheel_encoder * diameter * pi) / encoder
```

（5）返回最终值。函数代码如下：

```
return wheel_distance
```

（6）检查函数的实现是否正确。向该函数传递一定的参数，然后再通过人工计算来检验，代码如下：

```
wheel_distance(10, 76, 5, 400, 5)
```

本章小结

（1）微电子封装时晶圆处理是非常重要的步骤，本章讲述了实现晶圆边缘检测的程序设计内容。

（2）数据处理问题是数据科学、数据分析和机器学习领域的核心，本章讲述了一个 Python 程序设计的数据处理应用过程。

（3）神经网络和人工智能的关系是密不可分的。本章采用自定义的神经网络对鸢尾花（Iris）数据集进行分类的案例，使用简单的全连接神经网络给出解决方案，并使用了一个简单的激活函数（ReLU）和一个简单的优化器（Adam），最终实现在测试集上评估模型的性能达到了 93.33%。

（4）一个机器人所具有的软件和硬件的类型取决于它的用途。所有机器人都具有的 3 类部件，即控制系统、执行器和传感器。本章案例详细描述如何通过相关函数来计算机器人的轮子走过的距离。

参 考 文 献

［1］ 任志考，孙劲飞，叶臣.Python 程序设计基础实践教程［M］.合肥:中国科学技术大学出版社，2022.
［2］ 刘国柱，任志考，叶臣.Python 程序设计基础［M］.北京:科学出版社，2021.
［3］ 嵩天，礼欣，黄天羽.Python 语言程序设计基础［M］.2 版.北京:高等教育出版社,2017.
［4］ 董付国.Python 程序设计基础［M］.2 版.北京:清华大学出版社,2015.
［5］ 千峰教育高教产品研发部.Python 快乐编程基础入门［M］.北京:清华大学出版社,2019.
［6］ 钱彬.Python Web 开发从入门到实战［M］.北京:清华大学出版社,2020.